U0600591

汇智书源 编著

聪明女人们必懂的

1000个

心理学常识

图解 案例版

中国铁道出版社有限公司
CHINA RAILWAY PUBLISHING HOUSE CO., LTD.

内 容 简 介

女人是感性的，相对于男人而言，女人更需要了解自己、了解他人，所以女人要懂得心理学，并用心理学来指导自己的生活。本书从情绪、人际关系、事业、朋友、婚姻、家庭等方面，有针对性地详细剖析了各种常见的心理现象和心理效应，通过大量的案例深入浅出地讲解了心理学对女人在工作和生活中的影响。

本书通过科学、有效的训练方法，提升女人内在的信心、豁达、愉悦、进取等正能量；规避自私、猜疑、沮丧、消沉的情绪，是一本能彻底改变女人工作、生活、行为模式的心理学指导宝典，可以帮助女性朋友快速掌握看透人心的要诀，准确掌控幸福生活的密码，让您学会做一个优雅、美丽、自如的幸福女人。

图书在版编目（CIP）数据

聪明女人们必懂的 1000 个心理学常识：图解案例版 / 汇智书源编著. — 北京：中国铁道出版社，2016.2（2022.1 重印）
ISBN 978-7-113-21200-1

Ⅰ. ①聪… Ⅱ. ①汇… Ⅲ. ①心理学-女性读物
Ⅳ. ①B84-49

中国版本图书馆 CIP 数据核字（2015）第 298002 号

书　　名：聪明女人们必懂的 1000 个心理学常识（图解案例版）
作　　者：汇智书源

策　　划：武文斌　　编辑部电话：（010）51873022　　邮箱：505733396@qq.com
责任编辑：苏　茜
封面设计：MXK DESIGN STUDIO
责任印制：赵星辰

出版发行：中国铁道出版社有限公司（100054，北京市西城区右安门西街 8 号）
印　　刷：佳兴达印刷（天津）有限公司
版　　次：2016 年 2 月第 1 版　　2022 年 1 月第 3 次印刷
开　　本：700mm×1000mm　1/16　印张：16　字数：375 千
书　　号：ISBN 978-7-113-21200-1
定　　价：48.00 元

FOREWORD 前言

你是否还在为不知道朋友那些"耐人寻味"的小动作而苦恼，是否还在为上司说话不算话而郁闷，是否还在为某个朋友对你落井下石而郁郁寡欢……生活节奏的加快，竞争的激烈，忙碌工作的压力，情感和婚姻的困惑，家庭矛盾的困扰，子女教育的问题等，这些都对女性产生强烈的心理冲击。

百智之首在于识人。在这个瞬息万变的社会，人心善变，而且世间最难揣摩的便是人心。人生在世，我们谁都想自由自在地做人、和谐处世，但前提是要能洞察人心真伪。

如果掌握了心理学，你就能在工作和生活中游刃有余。所以，这就需要你练就一双慧眼。

在社交场合，你扮演着朋友、上司、下属、同事、合作伙伴、竞争对手、爱人等社会角色。只要你处于人际关系中，就需要与他人打交道，就需要了解他人真实的心理状态。

读懂他人的内心世界，你就能在日常生活中获得真挚的友情，得到贵人的帮助，防范小人的阴谋诡计；就能在职场中获得上司的重视，得到同事的友爱与下属的拥护；还能在情场中获得甜蜜的爱情与幸福美满的婚姻。

弗洛伊德说："任何人都无法保守他内心的秘密。即使他的嘴巴保持沉默，但他的指尖却喋喋不休，甚至他的每一个毛孔都会背叛他。"任何人的内心都是有踪迹可循、有端倪可察的，不管他掩饰得多么严实。

通过别人的一个小动作、一个小细节就可以识别其为人；从一个眼神、一句话就能判断出一个人内心隐秘的世界，从而让你把握感情的机缘。只要我们用心观察，都会不经意地从各种动作细节中发现蛛丝马迹，从而抓住人生的幸福。

　　这是一本专为女人量身定做的女性心理书，它不仅对女人的内心世界进行了最全面、最深刻的挖掘，而且总结了最实用、最有效的应对生活烦恼的技巧。有了它，就可以轻松掌握幸福的蜜语，并在交往中赢得主动。

　　这是一个不一样的女人世界：本书分别从日常生活（情绪、着装）、职场（社交、上司、同事、下属）、情场（恋人、婚姻）、家庭四个方面展开阐述，教女人洞察同事、上司、下属、恋人及家人的心理世界，提高为人处世的眼力和心力，使其能够从别人的举手投足之间读懂心意，从而相机行事。

　　本书最大的特点就是把生活中的故事融入枯燥的理论知识，来源于生活并高于生活，内容全面，语言通俗易懂，趣味性强，最主要的是贴近生活实际，具有很强的实用性和指导性。

编　者

2015 年 11 月

目 录
CONTENTS

第一章
CHAPTER 01

敞开心扉，把握情绪影响力
——女人要懂的情绪心理学

女人的心思比较细腻，很容易受到外界的影响，随时都会把自己的情绪明显地表现出来。情绪化是女人最为显著的特征，也是女人的一种交流方式。那么，女人们如何面对自己情绪化问题呢？

一、快乐独立的女人是一缕春风

我的一个朋友的丈夫以前对她特别关爱，可结婚几年后，她的丈夫竟然忘记了他们的结婚纪念日和她的生日，她特别难过。其实，夫妻的关系并不是一成不变的，而是发展变化的。从浪漫到现实，从鲜花到结成果实，就是一个发展变化的过程。

没结婚时你的男友可能会经常送你礼物，可结婚以后就要考虑买房子买车。女人应该自己创造快乐，而不是等待别人给予快乐。女人可以自己去购物、健身、旅游、交际、学习，这样才能更快乐，而且也能给丈夫带来快乐。

在这个喧嚣繁冗的世界上，乐观地对待生活更能让女人的世界五彩缤纷。一个真正懂得生活的女人是不会把自己的生活看作是炼狱的，她们懂得享受生活所带来的痛苦和欢乐。

女人的欢乐与痛苦，其实都是由自己的心态所造成的。心态有"好"与"坏"之分，尤其是当它反射到女人心灵境面上的时候，由于掺杂了主观臆断的因素，女人心目中的"好"与"坏"也就偏离了原来的真实本质。所以，懂得生活的女人，要有一颗快乐的心。

生活本身就是一个选择，快乐还是悲伤都由你自己去选择。只有快乐、独立的女人才是最美丽的。

快乐、独立的女人懂得，吸引力并不全靠她们的美丽和漂亮，而是靠她们的智慧。快乐、独立的女人崇尚简单的生活，懂得对人生、对社会的不苛求会换来内心的宁静与安和。快乐、独立的女人是一道美丽的风景！

快乐、独立的女人就像一缕春风，给别人带来轻松、愉悦。快乐的女人身上有一种无形的光芒，吸引着别人走向她。许多女人在内心深处都渴望能拥有快乐。人生需要执着，更需要随缘，缘来惜缘，缘去尽释，才可以真正做到从容、恬雅。

男人喜欢把事情简单化，而女人喜欢把事情复杂化。其实两个人在一起久了，那份新鲜感虽然没有了，但是却有代替那份新鲜感的亲情和习惯。

就像是左手握住右手，没有了感觉，只有彼此的依存；没有了吸引，只有相互取暖；没有了心跳的加快，只有彼此的承诺。虽然平淡如白开水，固然无味，也要品出久历艰辛之后小憩的快乐和满足。

快乐、独立的女人，知道爱自己，用一颗善良、率真、坦荡的心，去品评人生、享受生活的乐趣。快乐、独立的女人，懂得如何敞开心扉，用心去感受这个世界，宽容别人，也善待自己，珍惜自己所拥有的。

不去苛求自己没有得到的，是非恩怨随风付诸一笑，活出一份自我，活出一份好心情。

在生活中，彼此应该相互珍惜，相信自己的爱情，不要去臆测，不要去怀疑，无论多么真挚的感情，都经不起无端的猜忌，千万不要因为臆测而将自己手里攥着的幸福一片一片地撕碎。

快乐、独立的女人也有自己的一些追求和梦想。快乐、独立的女人拥有的是淡淡的心境，丰富而简单，繁华又恬静，宛若一幅极富层次的水墨画般韵味无穷，淡淡地散发出宁静幽然的气息，无所不在地给人以淡淡的欲望，慢慢地引人入胜。

做个快乐、独立的女人吧！快乐、独立的女人，像一缕清风，让人感到温暖。

心理透视镜：快乐是一种角度，从这边看是痛苦，换一边看未尝不是幸福。被刺到手时，你的快乐是因为它没有刺到眼睛。看问题的角度不一样，心态自然也就不一样了。

二、都是挑剔惹的祸，谁都瞧不上的女人

我有一个女同事，她是一个对自己和别人要求都十分高的人，年近三十的她仍然保持着傲人的身材，同时拥有一份高薪的工作，这让同龄人都对她充满羡慕。但是，这样优秀的她，却很少有人愿意与之相处，这又是为什么呢？

原来她会毫不客气地指出男同事的领带颜色和西装搭配是多么愚蠢，弄得男同事很尴尬；她也会在和朋友逛街时，睥睨着朋友手上的衣服，轻视地指责朋友的品位是多么俗气；对自己的恋人，她也总是抱怨他比不过这个，拼不过那个。久而久之，大家都开始对她敬而远之。

她认为，自己也是为他们好，想让自己身边的人成为有生活质量的人，难道这样做也错了吗？

我们常会遇到这样的女人：选男人时，看谁都像武大郎，把人指点得一无是处；看朋友时，满眼尽是不尽如人意的地方，这儿觉得不合意，那儿觉得不合适；甚至连选个家用品都是满眼的不对劲，瞧哪儿都不顺眼。

为什么有些女人总是觉得自己被生活侮辱了，然后抱头咆哮：这件事是错的！错的！错的！

归根结底，还是女人的"挑剔"惹的祸。这种挑剔也就是我们常说的"完美主义心理"。这种心理最突出的表现就是在做出选择时会过于理想化，把标准定得太高，超过了实际可能性。在她们眼中世界就是一个"错误"，并且这个"错误"将永远存在下去。

因此，在她们心目中，为生活中的一切都设定好了内定的程序，当发现身边的一切都是不符合自己要求的"次品"时，她们痛苦不已，她们黯然神伤，她们抱怨世界。

在恋爱方面，年轻时，这种女人看身边同龄的异性，个个都乳臭未干，过于幼稚。可是等年龄稍长，同龄的男性成长为有魅力的男士时，她们发现

这些"大器晚成"的男人们，一般不会找同龄女性做伴侣，虽然这些女性往往个人能力非常优秀。

他们选择结婚对象时，看重的条件基本可以归结为"年轻，同时有结婚意愿的女性"。这种现象在世界上其他国家也普遍存在，据说世界上30岁以上的离异女性中，40%的人终生无法再婚，原因就是同年龄段的离婚男人都选择比自己年龄小的女性。

这样最后剩下的就只有三十多岁的未婚女性——正是那些曾经在二十多岁的时候有能力拒绝结婚、自我意识较强的一类女性。女人因为不断地自我成长，所以会越来越有魅力、越有价值。不过令人悲哀的是，不管她们多么优秀、多么出色，现实生活中的选择却少之又少。

女人，别再用挑剔的眼光去看待生活，想要幸福，就别再要求完美，人生正是因为它的不完美和不可知，才会变得充满乐趣和生机。换个角度去欣赏生活，从侧面去感恩这个世界，你会发现，原来并不是所有的满分都是好的！

> 心理透视镜：欣赏自己是孤芳自赏，欣赏他人才是慧眼识才。一个人多发现他人的闪光点，多赞美别人，会使自己活得更精彩。要知道"予人玫瑰，手留余香"。

三、走出偏执的怪圈，强扭的瓜不甜

我们身边会有这样一类女人，她们出生于保守家庭，受家庭的影响，她们的想法很传统，甚至有些偏激。我的发小小宋就是这样的人。

她深深地爱着她的男友，但是让她不满意的是，她的男友从事的是园艺花卉方面的工作。虽然男友在这方面获得了许多荣誉，做得非常出色。但是，在她的观念中这不是男人干的事情。她甚至偏激地认为，如果别人知道了自己的男友是做这种工作的人，还不笑话死自己。

有一次，她在看到男友小心地照料着花卉的时候，大声喊出来，"你就不能像个男人一样！整天摆弄这些花花草草的，也不怕人笑话，我都替你觉得丢人。"

男友冷冷道："我只是做我爱做的事情，我喜欢照料花花草草，我也不觉得做这样的工作丢人，只怕嫌丢人的是你吧。"

"我不管，反正我已经托人给你找了一份工作，你以后就别摆弄这些东西了。"

"我也说过很多次了，我尊重你的想法，但是请你不要随便扭曲我的理想，好吗？"

"反正这事儿不是男人干的！"

男友无奈地叹了口气，"行业没有性别的区分，你为什么老是爱钻牛角尖呢？我喜欢这个行业，我也很高兴自己能在这个行业里做出成绩，我能理解你的想法，但是也请你理解一下我的想法，可以吗"？

她哼了一声，"理解？理解什么？理解你一个男人整天不务正业？你看看你朋友，一个个的不是大老板，就是大经理，哪像你……"她说着，想给男友下一剂狠药，于是说道，"你再这样下去，咱俩就算了吧！我可不想和一个花匠交往了！"

沉默一阵后，男友缓慢地说道，"那……咱俩就算了吧！"她只能望着男友渐渐远去的身影发呆。

园艺花卉不见得就是女人的专利，喜爱花草更不是什么天大的罪过。每个人的想法都不会完全相同，所以就更需要人际之间的理解和宽容了。如果她懂得这些，男友也就不会离开她了。

她的这种行为，在心理学上用一个专业术语来形容，那就是"偏执"。偏执的人总是喜欢以自己的标准来衡量一切，以自己的喜怒哀乐决定一切，缺乏客观的依据。

她们抱守着自己的是非观，霸道地认为自己的想法就是绝对的命令和圣旨，她们是对的，对方是错的，强求对方按照自己的思维模式来思考。

她们总是过多过高地要求别人，喜欢走极端，与其头脑里的非理性观念相关联，是具有偏执心理的人的一大特色。

我们如何才能克服偏执心理呢？

1. 学会虚心求教，不断丰富自己的见识

常言道："天外有天，人外有人。"别人的长处应该尊重和学习，认识到自己的肤浅。全面客观地看问题，遇到问题不急不躁，冷静分析。

2. 多交朋友，学会信任他人

积极主动地进行交友活动，在交友中学会信任别人，消除不安感。

3. 要在生活中学会忍让和有耐心

在生活中，冲突纠纷和摩擦是难免的，这时必须忍让和克制，不能让敌对的怒火烧得自己晕头转向。

4. 养成善于接受新事物的习惯

偏执常和思维狭隘、不喜欢接受新事物、对未曾经历过的事物感到担心相联系。所以我们要养成渴求新知识，乐于接触新人新事，学习其新颖和精华的习惯。只有这样，我们才能不断地提高自己，减少自己的无知和偏执。

在幸福的字典里，没有"偏执"二字。想要做一个幸福的女人，就要善于学会把"偏执"关在心门之外！

 心理透视镜：女人该有自己的思想、自己的思维、自己的理念、自己的智慧。但是，偏执的背后是不知对错的一如既往，是来路不明的辗转反侧。

四、女人不攀比，和自卑"Say Bye Bye"

我家邻居丽敏和丽华是姐妹，但相对于姐姐丽敏，妹妹丽华则有着一副天籁般的好嗓子，她的歌声动听极了！然而，丽敏也想像妹妹一样唱出美丽的歌曲，所以她每天都在房前的空地上练习唱歌。一位邻居听了，冷笑着说："你即使练破了嗓子，也不会有人为你喝彩，因为你的声音实在是太难听了，你和你妹妹比起来，简直差太多了！"

聪明女人们必懂的1000个心理学常识（图解案例版）

丽敏回答道："我知道，你所说的这番话，其他人也对我说过多次。但是，我唱歌并不是为了和妹妹竞技，而是因为在唱歌的过程中，我能感受到快乐。"

一个人是否实现自我并不在于他比别人优秀多少，而在于他在精神上能否得到幸福的满足。

如果一个女人追求的快乐是处处参照他人的模式，那么她的一生只能悲哀地活在他人的阴影里。人活在这个世上，并不是一定要压倒他人，也不是为了他人而活，一个人所追求的应当是自我价值的实现及对自我的珍惜。但是，很多人很难做到这一点。

在现实生活中，很多女人会觉得自己在外形、事业、爱情等方面都不如别人，她们经常对自己说的一句话是"我怎么不是××，人家的命怎么就那么好！"或者经常对爱人说的就是"你看看××，你怎么就这么没出息！"这样的抱怨很容易使人产生"己不如人"的主观意识，严重者甚至把悲观失望当成人生的主题。

心理学家阿德勒认为，每个人都有先天的生理或心理欠缺，这就决定了每个人的潜意识中都有自卑感存在。这种自卑感处理得好，会使自己超越自卑而寻求优越感，但处理不好就将演化成各种各样的心理障碍或心理疾病。

攀比带来的自卑对人的心理发展有很大影响。自卑容易销蚀人的斗志，就像一把潮湿的火柴，再也燃不起兴奋的火花。长期被自卑笼罩的人，不仅心理失去平衡，而且也会诱发生理失调和病变。

如何才能克服自卑，树立自信，使我们的生活处处充满阳光呢？

（一）端正认识自我

"尺有所短，寸有所长"。既要看到自己的短处，又要看到自己的长处。不要强化自己不如人之处，而弱化自己优于别人的地方。

（二）适当表现自己

没有人一开始就非常优秀，有的是通过不断的练习，挖掘出自己的闪光点。自卑的人，不妨多做一些力所能及、把握较大的事情，即使很小，也不放弃取得成功的机会，在成功中能不断增强自信心。

（三）要学会关注他人

现实总是不尽如人意的，在某些方面或许你的确不如别人，过分关注自我，期待事事都比别人强，那么你只能是给自己找烦恼。

适当地把目光投向对方，用一颗真诚的心去对待别人，关心别人，为他人的幸福而欣慰，那么你的快乐就会成倍增加，你的自信就会增强。

（四）要善于扬长避短

"天生我才必有用"，每个人都各有各的优点和缺点，要客观地认识自己，要善于发现和挖掘自己的优势，以弥补自己的不足。

追求完美，是女人的天性。可不完美却是人生和生活的真实，如果总以幻想中的"完美"来要求自己，那么永远走不出自卑的泥潭。

自卑感就像一面看不见的篱笆墙，把女人和幸福隔离和封闭起来。

心理透视镜：每个人都有自己的优势和劣势，拿别人的优势和自己的劣势来比，本身就是一种不合理。

五、正视女人的烦闷，踢开"假性疲劳"

生活在中国一二线城市的女人们可能会有这样的感觉，工作了一天，挤地铁回家后，感觉自己已经精疲力竭。一回到家，就往床上一躺，什么都不想做，就想这样一直躺在床上。眼睛盯着天花板，觉得心里莫名的烦躁。

可是，工作量并没有大到足以给我们带来沉重的负担，而且一整天也没有什么值得心烦意乱的事情发生，所以连我们自己都觉得莫名其妙，我们也不知道自己为什么感到"烦"和"累"。

聪明女人们必懂的1000个心理学常识（图解案例版）

就在这个感觉十分"难熬"的时刻，有位朋友给我们打了一个电话，说今天是周五，约我们出来逛街，并说我们最爱的某品牌衣服又出新款了，我们逛完街后还可以去看电影、泡吧……

正处于"疲惫"中的我们，不但没有因为这样满满当当的行程安排而感到苦恼，还马上来了精神，立刻从之前的消沉中走了出来，整个人都振奋起来。

那么，这种"烦"和"累"从何而来呢？女人们是真的"累"了吗？

约瑟夫·巴马克博士的一个实验，证明了烦闷会产生疲劳。巴马克博士让一大群学生做了一连串的实验，这些实验都是这些学生没有兴趣做的。

结果，所有的学生都觉得很疲倦，并出现打瞌睡、头痛、眼睛疲劳、发脾气的症状，甚至还有几个人觉得胃很不舒服。

这些学生又做了新陈代谢的实验，实验的结果是，一个人感觉烦闷的时候，他身体的血压和氧化作用真的会减低。而一旦这个人觉得他的工作有趣的时候，整个新陈代谢作用就会立刻加速。

所以，一个人由于心理因素的影响，通常比肉体劳动更容易觉得疲劳。

耶鲁大学的杜拉克博士在主持一些有关疲劳的实验时，用那些年轻人经常保持感兴趣的方法，使他们维持清醒差不多达一星期之久。杜拉克博士说，"工作效能减低的唯一真正原因就是烦闷"。

因此，经常保持内心愉悦是一个女人抵抗疲劳和烦闷的最佳良方。但是快乐买不了，快乐是一种精神状态。快乐来自心底，你可以随时创造一种开心快乐的心境，那么如何才能使我们获得快乐呢？

1. 学会心怀感激

感恩会使我们减少愤怒，若一个人只有怨怼，心情自然好不起来。"思之而存感谢"，感恩的心将为你开创快乐的奇迹。

2．分享

与别人分享快乐可以使快乐永驻。学会分享，就会快乐无比。

3．利用自己的优点

快乐的来源是发现并利用你的真正优点，这使我们的自我意识变得更加美好，也就越快乐。

4．大声讲话

受压抑的人说话声音明显细小，一点儿也不快乐。适量提高自己的音量，可以使我们保持快乐。但不是对别人大声喊叫。

5．忆趣

当自己烦闷的时候，不妨假装自己是快乐的，告诉自己这也没有多大的事儿，世界不会因为自己的一腔烦闷而停止转动，所以，无论快乐与否，感受这种情绪的总是我们自己。

每天做一些让自己开心的事，当你的心理产生快乐的愿望时，身体也会跟着调整到快乐时的状态，从而形成良性的循环。

心理透视镜：人生是短暂的，我们只有全身心地享受每一天，才不会有人生易老的悲叹。因为我们虽然无法延长生命的长度，却可以拓宽生命的宽度。用心享受生活的每一天，你会发现，生命因此变得厚重丰盈，趣味盎然！

六、女人要远离虚荣，别"虚"得过火

法国作家莫泊桑所写的小说《项链》，讲的是罗瓦尔太太由于虚荣，从朋友那里借来一条项链去参加一个宴会，但没想到宴会结束之后却发现项链丢了。

同样是在虚荣心的驱使下，她没有把这件事情告诉朋友，而是借钱买了一条同样的项链还了回去，为了还钱，她付出了10年的辛劳。然而，更让她崩溃的是，原来她的朋友借给她的那条项链是假的，根本就不值什么钱。

　　这个故事告诉我们，虚荣就像女人穿在身上的一件华美的外衣，她们想表现出它的荣耀，没想到这种表现的欲望却成了一个美丽的陷阱。然而，有很多女人明明知道是陷阱，仍然奋不顾身地跳下去，这不能不说是一种悲哀。

　　在心理学上，虚荣是自尊心过分的表现，是为了取得荣誉和引起普遍注意而表现出来的一种不正常的社会情感。每个人都有自尊心，当自尊受到损害或威胁时，或过分自尊时，就可能产生虚荣心理。

　　女人虚荣心的表现是多方面的：热衷时髦服装、对流行敏感；处处炫耀自己的特长或财富；常在外人面前夸耀自己有名气、有权势的亲友；不懂装懂，喜欢班门弄斧，事后又后悔；处处争强好胜，别人在某些方面强于自己

时，内心就感到不舒服；把生活中的失误归咎于他人，从不找自身的原因；讲排场、摆阔气；对表扬沾沾自喜，记忆犹新等。

　　事实上，女人还喜欢把虚荣建立在男人捧场的基础之上，寻找配偶时，过分注意对方的相貌和门第。她们把男人的顶礼膜拜作为虚荣的资本，四处炫耀。

　　婚前，女人的圈子是闺蜜圈，身边的姐妹们就是她们的镜子。婚后，女人们比的就是哪个女人的男人更出色。若是哪个女人比

输了，回到家里难免会找老公出气。

　　女人贪慕虚荣，往往就要为虚荣付出代价。那些"虚"得过火的女人，将伴随"虚荣"二字度过一生。虚荣心使她们失去了清醒的头脑，迷住了双眼，在恋爱和选择配偶时，过分看重对方的金钱、房子和车子等外在条件，而不是人品、修养、才华、脾气性格等。

　　这样的女人将一生承受着虚荣带给她们的痛苦，因为她们虽然表面上打肿脸充胖子，内心却很空虚，并且表面的虚荣与内心深处的空虚总是不断地在斗争着。她们的心灵总是痛苦的，丝毫没有幸福可言。

心理透视镜：虚荣是许多人获得简单和快乐的最大障碍。幸福是一种绝对自我的感觉，只要你觉得自己是幸福的，你就是幸福的；反之，如果自己感觉不到幸福，无论在别人的眼里如何风光，你的心里仍然会是一片冰凉。

七、"胆汁质"型人格，易怒的女人惹人厌

我们身边可能都有这样的女人，或者是女上司，或者是你的同学、朋友。她们脾气暴躁，容易出现情绪波动，经常因为小事和别人吵架，她们的人际关系越来越紧张，在公司经常与人发生矛盾。

现实生活中，大多数的女人常常会出现这样的情况：本来只是一些鸡毛蒜皮的小事，在别人看来不以为然，而她却火冒三丈。

发怒经常会损害朋友、夫妻之间的感情，同时又把一些本来能办好的事情给搞糟，对个人的身心健康、事业成败都造成极坏的影响。

发怒是每个人都会有的情绪，怒气不亚于一座"活火山"，一旦爆发，既会伤害到别人也会伤害到自己。

从心理学角度来看，易怒的人是属于胆汁质型人格，这种类型的人就是动作和情感都发生得迅速、强烈、持久，这类人热情、直爽、有精力，但同时，他们的情绪变化也更容易引发和更为剧烈，于是就表现出易怒的一面。

一般来说，女人在情绪不稳定、情绪低落时容易发怒。那么，如何学着控制自己的情绪呢？

1. 注意力转移法

在烦躁时，不妨将自己的注意力先从烦心的事情上移开，转移到周围其他事情上，正所谓"手忙心不乱"。

2．将"怒火"扼杀在摇篮里

任何一种情绪，在刚开始的时候都是容易克制住的。当你开始觉得气愤的时候，尝试着延迟开口说话和反驳的时间。在心中默数10秒、20秒之后再开口，或者干脆在生气的时候不要说话。

烦躁时出去锻炼身体，暂时将那些不愉快的事情放下，可以出去打打球，或者跑步、散步。在运动的过程中让不好的情绪随着汗液排出，使自己放松下来。

另外，不要一味地想对方怎么让你恼怒，多"回头"想想：他并不是我不共戴天的仇人，他并没有怎么损害我，也许他并不是有意的。

3．情感倾诉法

在遇到不好的事情的时候，可以找同伴诉说自己的心情，在不伤害他人的前提下把怒气发泄出来，也是很好的办法。面对自己的好朋友，你可以与对方大吐苦水，这样不良情绪就会得到缓解。

谁能彻底地相信一个"孩子气"十足的女人呢？谁又能承受得住这样的"孩子气"带来的压力呢？一次又一次的"孩子气"，只会破坏彼此之间的信任，长此以往，再好的感情也会"毁"在自己的手上。

言语举止就像玻璃球，是会感染别人的。当心情不好的时候，要学着控制自己。

女人应该学着多掌握一些控制和发泄愤怒的手段，这样既有利于自己的身心健康，也利于你和周围的人更加融洽、幸福地相处。

心理透视镜：坏脾气一旦投射到别人身上，就会对别人造成伤害，再也不能回到以前。所以一定要控制好自己的情绪。

第二章
CHAPTER 02

女人那些鲜为人知的心病症候群

　　做个幸福女人，是每个女人一生最大的梦想。每天被浓浓的亲情包围，被甜蜜的爱情滋润。可是在现实生活中，许多女人觉得不幸福，是的，在这个世界上会有很多不公平的事情，有的女人会碰到困难，有的女人觉得自己长得不够漂亮，有的女人没有找到为之奋斗的事业，有的女人找到的是一个负心的男人……但是，在这些不幸福中，有很多是因为女人自身的原因，是她们自己让自己失去了幸福，是她们自己让自己失去了快乐。

一、情感饥渴症：可怜的"吸爱女"

"**说**实话，我真的好想去找一个情人哦。"同事小宛总是哀怨地对我说。在别人的眼里，她已经够幸福了，儿子聪明伶俐，老公是个不大不小的干部。"我对老公很失望，他一点也不浪漫，不和我一起去看电影、旅游，总是说没有时间，忙自己的事情，这样的生活还有什么意思呢？"谈起丈夫，小宛就垂头丧气。

在威尼斯有这样的传说：

一些年轻女孩在还没有得到爱情之前就死了，由于心中藏有太多的遗憾和不甘，她们会在夜晚来临的时候打扮成异常美丽的女子，勾引舞会上那些年轻英俊的男子。

她们因为太过于缺乏爱情，或者从未得到过爱情，所以以爱为生，将爱视为生命的全部，愿意为爱付出一切。她们仿佛是受到了诅咒的公主，无法得到爱情。

这种追逐爱情的现象被称为"情感饥渴症"。"情感饥渴症"是用来描述一种对爱情极度渴望而又无法获得满足的症状。有这种感情障碍的人有点像嗜酒者那样没完没了地追求所谓的新爱，甚至可以冒着家庭破碎的危险去追求爱情的刺激。

当人感到空虚、寂寞时，就会产生情感的新渴求，这种想法一旦处理不好，便会生成一种强烈的、非理性的冲动，甚至会变成一种疯狂的情感需要。

她们把爱当成了维系生命的阳光、空气和血液，她们时刻都会感觉到对爱的焦渴，必须通过爱来维持生命。没有了爱，就如同进入了世界末日。

她们为什么如此渴望爱呢？

是孤独扼杀了女人们原有的骄傲、从容、淡定，让女人变得更加任性和孩子气。很多时候，决定爱情和命运的不是相貌，也不是才华，而是让你无法掌控的情绪。

当今社会，很多女性不再家务缠身，生活与社交范围也比上一代人广阔了不少，年轻的外表与健康的身体给她们造成了一种"自己还很年轻，还可以浪漫一番"的假象，于是她们当中一部分人便像年轻人那样去追逐浪漫的爱情。她们觉得丈夫越来越乏味，调动不起自己生活的激情，因此感到空虚、寂寞。

女人要学会珍惜眼前的幸福，不能因为情感上"吃不饱"，就开始怀疑婚姻、抱怨婚姻。婚姻中，当所有的激情都变成亲情的时候，要学会平和地过日子。

短暂的拥有没有保障的爱情，只能暂时稍稍平息她们对爱的渴望，她们受了诅咒的内心永远都是一个巨大的空洞，需要无尽的东西来填充。她们比一般人更加索取无度，期待朝朝暮暮的厮守和天长地久的誓言。但是她们没有看到，泛滥的情感也会失去情感的价值。

这样的女人只看到了生活消极的一面，然后把所有的罪过都归于丈夫，自己在情感上处于饥渴状态。她不快乐，还要每天给自己制造不快乐，从不主动去做些什么。

治疗"情感饥渴症"首先要反思自我，反问自己对丈夫的要求是不是太高了？自己是不是太不切合实际了？假如丈夫不像结婚时那么浪漫了，自己试图和他交流、沟通了吗？想办法改变他了吗？整天抱怨的女人，能改变什么？

然后建立自己的社交圈子。女人到了中年，总会有很多危机感，事业上没有太大的进展，心理更容易失去平衡。扩大自己的社交圈子，不失为一个好办法，多结交一些朋友，开阔生活的视野。有事业心的女人，还要给自己找些事情来做，有事情做的女人，情感上会获得更多收获。

"吸爱"女孩如果遇到了同样嗜爱如命的男孩，他们会爱得昏天暗地。可是，生活中往往很难找到和她们一样嗜爱如命的人，她们的爱，注定只是一场可笑的悲剧。

 心理透视镜：渴望爱，却没有爱的能力，她们的渴望会让她们走入一个令人绝望的宿命轨道，最终只能一场空。

二、相亲综合征：剩女的相亲恶循环

我有一个认识的人，叫李琳，今年 26 岁，在一家广告公司工作，有着令人羡慕的高薪工作，平时工作总是很忙。眼看奔三十岁了，还没有对象。这可急坏了她的父母。经常跟她念叨，"年纪不小了，再不抓紧，就是三十岁的老姑娘了！"

李琳一开始去相亲时还觉得比较新鲜，可总是碰不上可心的人。李琳的妈妈看在眼里急在心上，为了让女儿尽快找到意中人，她不断提高女儿的相亲频率。

李琳的妈妈抓住十一黄金周李琳放假回家的机会，给她安排了紧凑的相亲，七天下来平均每天要见三四个人。

第一次是一个医生，"小冬瓜"硬嚷着自己有一米七八，她直接走人了；第二次是一个机械工程

师，没瞧上自己，倒是和自己带去的女伴有说有笑；第三次是一个公务员，两个人默默无语地坐了两个小时，根本就没有交流。

接下来的相亲对象有的是傲慢的富二代，有的是话唠的设计师。就这样，短短几天下来，相亲近十场，结果都是无疾而终不说，搞得她是心力交瘁。

很多女性年纪不是很大，还没有混到剩女的"身份证"，但是，家里面对待婚姻大事已经耳提面命了。对于儿女们的不配合，父母们就采取了狂轰滥炸式的相亲策略。十一黄金周，于是就变成了典型的"相亲黄金周"。

这些女人，还处于青春年少时期。为什么父母们都不约而同的不断地给她们安排相亲呢？父母们认为，现在孩子虽然还年轻，但是一个个的眼光都很高，等真到了谈婚论嫁的年纪，谁还来找她们？并一再地告诫自己的孩子，这两年是自己挑别人，再过些年，就是别人挑自己了。于是在父母的安排下她们不得不接受一轮又一轮看似永无止境的相亲流程。

这种现象的出现也合情合理，现在都市生活节奏加快，很多年轻人忙于工作，对自己的终身大事不是很上心，并且常以"现在还年轻"为理由推迟恋爱结婚的时间。导致很多父母都患上了"剩男剩女恐惧症"，家长生怕将来孩子被"剩下"。

这些单身男女大部分都是父母代为做媒，他们在经历若干次的相亲后，逐渐以一种机械的状态去面对相亲，由于缺乏心理沟通，奔波于相亲会的这些人开始疲惫、麻木，甚至出现恐慌的情绪，逐渐形成"相亲综合征"。

告别单身，一起约会吧！

走马观灯似的相亲，给她们造成一种"吃多了想吐"的厌恶心理。相亲中只有形式化的询问，并没有更好的交流，只会把其中的无趣和消极无限放大。更因为这样的"集中轰炸"，让相亲的人都有些心不在

焉，往往达不到预期效果，甚至给她们造成心理负担。这样自然而然就形成了对相亲产生恐惧的"条件反射"。

从心理上来说，这样大强度的相亲有些揠苗助长的意味，如此大强度的安排相亲无疑会给她们造成恐惧感和焦虑感，让她们产生压力。

同样，密集的相亲，无论对身体还是心灵，都是一大考验，特别是精神上的窒息，超出人的负荷后，就会条件反射地厌恶相亲，而相亲本身也因为

长时间不间断地对人进行"敲击"，而成为消极刺激。

恋爱自由，婚姻自由，但女人的身边却充满太多的无可奈何，无论是来自社会还是家庭的压力，都给女人的心理造成负担。不要把相亲变成填鸭式的感情喂养方式，那种没有语言和心灵沟通的形式，只是一种精神迫害。

心理透视镜：女人要学会去爱，学会去感受生活、感受幸福，不要让自己的感情成为家人和自己的负担。

三、婚前恐惧症：婚礼的"逃跑女郎"

我妹妹前几天订婚了，正在筹备九月份的婚礼。可是最近她却很焦躁，总是胡思乱想，"难道就这样结婚了吗？要是结婚了离婚怎么办？结婚后受欺负怎么办？结婚后他会出轨吗？"甚至会想到他是不是没有前男友好？我到底爱不爱他呢？希望有一个属于自己家庭的同时，却又害怕婚姻。

婚姻恐惧症的表现是随着婚期的临近，许多准新人会有一种莫名的恐惧，甚至产生临阵脱逃的念头。

在现代社会中，部分女人对于结婚恐惧的现象已经渐渐地成为都市女性的通病。

究竟是什么原因使她们始终徘徊在婚姻的大门之外呢？她们往往存在着以下一些心理负担。

1. 担心"婚姻是爱情的坟墓"

人们都说"婚姻是爱情的坟墓"，哪怕爱情再美好，现在有许多女人勇敢地追求爱情，却对婚姻"谈婚色变"，主要是没有承担建立一个家庭的勇气，她们认为进入婚姻就没有了激情和甜蜜，只有无尽的琐碎和烦恼，不希望自己过早地被家庭的负担所牵制。要是不结婚就没有这么多麻烦事儿了，可以尽情享受生活，享受爱情的滋润。

2．担心和婆婆合不来

以后就要和公公、婆婆住在同一屋檐下，各人的生活习惯暴露无遗，相互间的摩擦也就不可避免。他爸妈能容忍我吗？我能在这个家里过得愉快吗？

许多女性对婚后生活的预期存在很多疑虑：害怕结了婚，爱情就会被柴米油盐的琐碎小事取而代之；还有就是要进入一个新的家庭体系，她担心能不能跟婆婆相处好，能不能适应新的生活习惯等。

3．对婚姻失去信心

不想结婚的女性往往只想到出嫁所带来的负面影响，她们对"嫁"这种仪式的后果想得太多，恐惧"嫁"将会带来的不理想生活。

这部分女性多数属于都市白领阶层，她们挣着不菲的薪水，过着单身贵族般的生活，由于她们已然完全摆脱了经济的束缚，所以对于婚姻的看法更为淡薄。

4．担心家务活儿干不完

很多子女都是家里的独生子女，从来没有做过家务。可是结婚后就不一样了，要学会做饭洗衣服，还要拖地板，清理房间，光是这几样就能占去大半的休息时间，真想一辈子生活在父母的庇荫下，这样就不会头疼家务活儿了。

恐婚的女人们往往觉得，与目前所承受的孤单、寂寞相比，面对婚姻的无能为力会更让她恐惧。

婚前恐惧症是一种很有代表性的现代社会心理疾病。现代社会生活千变万化，诱惑很多，婚姻生活也随之变得更为复杂，婚外恋等现象也普遍存在。

另外，社会舆论对婚姻生活的负面宣传也使一些待嫁女性面对婚姻踟蹰不前，这与她们曾经梦想中的浪漫完美的爱情、幸福专一的婚姻幻想相差甚远，故此焦虑恐惧在所难免。

恐婚的女性应该说都是一些理想主义者，她们所期待的是一种完美的生活。而事实上哪一种生活都要付出代价，得失是在不间断的相互转换，没有哪一种选择得到的更多。

很多女人之所以会对单身生活抱残守缺，是因为她们已经把这种生活的缺陷视为常态，在她们看来婚姻生活灾难深重。很多人选择推迟结婚，甚至宁愿独身，也不愿意"受罪"。

婚姻对女人来说，就是第二次生命。美好的婚姻是女人幸福的重要因素。婚姻给女人的是一种生活状态，一种生活质量，一种生活感受，一种生活方式。只会逃避的女性不会得到真正的幸福，学会如何正确经营婚后生活，勇敢地面对可能出现的各种问题，才是幸福的开始。

心理透视镜：幸福的婚姻，能给人力量、信心，使软弱的人变得坚强；幸福的婚姻，是一个人与另一个人的重叠，是一个生命与另一个生命的相融。当婚姻之门为你开启时，好好享受你的第二次生命吧！

四、星期一综合征：假期后的萎靡不振

我有一位朋友，她是一位应届毕业生，已经在一家公司工作两个月了。她说，本人刚刚从开学恐惧症中逃脱，现在一到上班，星期一综合征又复发了，一到这天，就如现下的我，心神不定，难以入眠，总有一种不安的感觉！周末你慢点走。

她说，周五是最令人愉快的，周一的心情刚好相反，烦躁焦虑，严重的星期一综合征。

有些人，星期一上班时，总感到疲倦、头晕、胸闷、腹胀、食欲不振、周身酸痛、注意力不集中等，工作和学习效率降低。这种现象就是常说的"星

期一综合征"。

好像有很多种因素让你没有办法全身心地投入工作，甚至原本很轻松、很简单的工作，在周一也会显得艰难，没有什么可观的进展。不要小看它，它可是很多人最头疼的一件事情。

"星期一综合征"最明显的特征，就是在度过一个愉快的双休日以后，周一的早上很不愿意起床上班。即使去上班了，也会觉得很懒散，没有办法集中精神，缺少工作激情，浑身乏力。

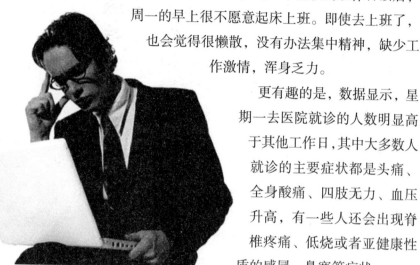

更有趣的是，数据显示，星期一去医院就诊的人数明显高于其他工作日，其中大多数人就诊的主要症状都是头痛、全身酸痛、四肢无力、血压升高，有一些人还会出现脊椎疼痛、低烧或者亚健康性质的感冒、鼻塞等症状。

"再睡不着，明天上班就完了。""真的要睡了，明天还有营销方案要写。"周日晚上，很多人躺在床上一边念叨，一边失眠。

事情往往就是这样子，假期对于都市上班族来说是个肾上腺素激增的词汇，它意味着你能从繁忙的工作中被"大赦"。抱着这种心态，许多人都在自己的休息时间精心计划着如何休息、如何放松。

平时人们做不了的事情，休息日就要拼命地补回来，与朋友 high 聚，健身，睡觉……生怕没有好好利用休息的时间，在这种拼命休息之后，却引发了无比焦虑的星期一综合征。

因为这打破了原来的生活规律，破坏了已经形成的生物钟。作息时间错乱，会导致身体免疫力下降。等到周一上班，精神没有办法回归原来的兴奋状态，就开始显得疲惫不堪、慵懒、注意力不集中……

那么，怎样才能避免"星期一综合征"，怎样打击这种症候群呢？

1. 周末别玩过头

周末安排活动一定要有所控制，熬夜仅限于星期六。周日要把生活作息

回复规律保持平静，不要在休息日有过于激烈的行为，建议周日做好收心操。

2. 尽量保证原有的作息时间

每个人都有自己的生物钟，生物钟的形成不是一天两天就能完成的，它是一种习惯的积累。如果在休息日突然违背了原有的生物钟，就会起到反效果，本来是为了休息，结果反而让自己更累。

3. 预定好星期一任务计划，同时学会调解

简单规划星期一上午、下午各要完成哪些重点任务，或思考怎么安排事情。同时在星期一时，不要太放任自己的情绪。给自己一点紧迫感，不要觉得已经那么累了，就干脆什么都不做。

告别"星期一综合征"，女人，你才能在生活和工作上更进一步，也才能离幸福更近一步。

心理透视镜：越是低落的星期一早上，越要用心打扮一番再出门。穿得美美的，自己心情好，别人也会给你正面反馈，形成良性交互。

五、孤独综合征：都市人的寂寞

北漂的可盈总是一个人上下班，一个人吃晚饭，一个人逛街，一个人去喝咖啡，一个人看电影，一个人去旅行。

不知道是从什么时候开始，落下的便只有她自己了。

她试过很多次下班后，仍停留在公司楼下，惘然地望着天空发呆，根本不知道自己想去哪里。打开手机的通讯本，想找个人出来吃吃饭，却可悲地发现，通讯本上的联系人不少，可以约出来的朋友却不多。最后，还是她一个人。

大家似乎都在患一种时代传染病，孤独综合征。对着电脑屏幕，噼啪噼啪地打字，和千里之外不知是男是女的陌生人调情，吐槽。一遍一遍地刷网页，对着屏幕大笑。表情符代替了空白的表情，呵呵，哈哈，看廉价的煽情片，流下久违的眼泪。

在一个电视节目里，主持人问一名演员："40 岁了，怎么还没结婚？"

这名演员笑着说："没找到合适的。"

"想找一个什么样的呢？"

这名演员沉思片刻，说："就想找一个随时随地能和她聊天的人。"

两年后，这名演员结婚了。这个执着的实力派演员，终于在 42 岁那年，找到了愿意执子之手，与子偕老的人。

他演过不少的电视剧，也在戏中经历了多种人生，或许无论是现实或是虚拟，或多或少都能感知到人类灵魂的本质——孤独。

说实话，这名演员还是有那么一点霸道的，半夜三更自己睡不着，把人推醒不说，还要求别人立刻赶走睡意，陪他聊到天明。但有的时候，霸道是因为任性。而任性，是因为孤独，它是孤独的一种释放。

在人流拥挤、竞争加剧、生存压力和信息风暴的侵袭下，从青少年到老人，从事业成功的白领到普通外来打工仔，他们在拥挤不堪的都市里，在无处不在的生存和竞争压力下，在人际关系日渐淡漠中煎熬着，面临被"孤独综合征"席卷的危险。

人类是群居动物，会对一个群体产生很强的热爱感情，进而产生了强烈的依赖性。当一个人被别人排除在外的时候，他就会因得不到心理的依赖感而出现不满足的情绪，这种迫切的满足感即为孤单的体现。

其实当一个人独处的时候，人本身就会表现出孤单的状态，这是来自人内心深处的真实感受。

孤独是一颗想要得到理解的心灵寻求理解而不可得，它是悲剧性的。无论戴多少面具，也无法掩饰内心的孤独。孤独是把他人接纳到自我之中的欲望，它寻求的是理解，寻求的是交流，它需要一个出口。所以孤独的女人比一般人更加的渴求理解和爱她们。

害怕孤独就是害怕没有交流，害怕没有感觉上的契合，害怕没有心灵上的理解。人际沟通在人与人之间的交往中有着十分复杂的表现，从情感交流的角度来看，则是"人际吸引"的问题。从言谈中体现个人魅力，从而接纳或被接纳。所以，才赋和事业只能决定一个女人是否优秀，不能决定她是否幸福。无论是谁，真正的幸福都是很平凡、很实在的。

即使再伟大的女人，也不过是一个凡人，一个有七情六欲的普通人。她们需要在感情世界有一群贴心贴肺、知冷知热、能深刻理解她们的思想与情感的人在身边，跟她们交流、沟通。这样，她们才不至于太孤单、寂寞。

真正的孤独不是温饱后的无病呻吟。孤独是灵魂的放射，理性的落寞，也是思想的高度，人生的境界。它没有声音却有思想，没有外延却有内涵，孤独是一种深刻的诠释，是不能替代的美丽。

心理透视镜：把自己禁锢在孤身独处的樊笼里，得到的只有孤独而不是快乐。应该勇敢、坚定地打开心灵的门窗，走出个人小天地，积极参与社交活动。

六、水仙花综合征：女人的公主病

在英文中，水仙花是 Narcissus 那喀索斯，这是古希腊神话中一个美男子的名字。那喀索斯刚出生时，他的母亲就急于想知道儿子的命运，她跑去恳求先知为儿子占卜。先知说："这孩子可以活很久，只要他不认识自己。"先知的意思是那喀索斯长得太美，美到令自己也会沉迷，唯一的破解方法是让他无法"自我欣赏"。

终于有一天，那喀索斯在林间的小河边看到了自己的倒影，他感觉简直是百看不厌，从此他常常一个人在河边顾影自怜。一天，那喀索斯又在河边看自己美丽的面孔，看着看着他忽然产生了幻觉，发现水中自己的影子变成了一位美丽的仙女。

从此，那喀索斯如痴如醉，日夜守在河边，时时等待仙女再次出现，他却不知道自己狂热爱恋的就是自己的影子。那喀索斯一次次向水中的仙女倾诉自己的情感，终于有一天，他不小心掉入水中，溺水而死，他的灵魂就化作湖边的水仙花。

因为有这个神话，所以心理学上又有一个名词，叫作"水仙花情意结"（Narcissus Complex）。其实她们并不见得有多么漂亮，只是极端地"自我欣赏"罢了。自恋狂的人多是心理上极端内向，而自尊心和自卑感都很浓厚的人。

毫不夸张地说，每个女人，无论家世和外貌，或多或少都有点"公主病"。

"公主病"对于女人来说是一种享受，但这种享受是需要付费的。所付出的是自己的资本。这种资本不论是欲、是情，还是爱，如果只有消费，没有累积的话，总有用完的一天。

有一位骄傲的女孩，她的美丽与出身倾倒了一批怀着各种杂念的男孩子们，于是她理所当然地成了学校里的校花，她的身边也自然而然地开始围绕男同学的鲜花与女同学的羡慕。

但她从不对亲近她的男同学表露任何的好感，偶尔被追得不耐烦了，她会对他们说："你们都不是我心仪的男朋友，我的男朋友是一个"独一无二"的人，他要有威尔史密斯的身材、王力宏的脸蛋和郭敬明的才华，除此之外，还要有车、有房、有存款、有博士学位……"

符合这种标准的男人真的有吗？她却有相当的恒心和信心，她一直严格按照当初所定下"独一无二"的要求去寻觅，但她至今仍是独身一人。

现代年轻女孩总是对自己低标准、宽要求，对别人高标准，严要求。这是现代女孩共有的毛病：太自我，甚至可以说是自私。

女人把自己放得太高，就患上了公主病，觉得镜中的自己是一般人无法企及的。这样的她反而很难感受到属于平凡人最普通的幸福。

太自我的女人也许动人，但往往不可爱，即使男人说她可爱，也仅仅是热恋时分的热恋之语。久而久之，她的缠人便会令他生烦。做棵缠树的藤，是没有好结果的！

当这种倾向发展到了极端，就成了自恋，也就是心理学中的——"水仙花综合征"。

女人希望抬高自己的身价，那是理所应当的，但是，如果把自己抬到了月亮之上，恐怕也只能像那广寒宫中的嫦娥，独自一人饮下高处不胜寒的苦酒。

因此，女人别把自己的幸福放在金字塔的顶端，认为自己一定要像神一般睥睨着芸芸众生。要学会对自己说，我只是一个普通的人，只是一个普通的女人，我能获得我想要获得的幸福和快乐。

这不是在自贬身价，而是在学习怎样正确地认知自我。女人要走下高高的阶梯，一步步地去发现周围的风景。

心理透视镜：被平淡的生活包围，平凡的爱意总被渴望激情浪漫的心灵忽略。爱从来没有固定的模式，花朵、浪漫不过是浮杂生活表面的点缀，平淡才是最真实的生活，才是女人真正的幸福。

七、疲劳综合征：警惕过劳死

我们常说，能者多劳，但是，能者也不能像"永动机"一样不知停歇地工作，所以，如一尊石雕般端坐在电脑前直到凌晨的"工作狂"，最容易出现健康问题。

在一线城市里，职业竞争普遍激烈，职场压力很大。由于长期过度劳累（包括脑力和体力）、饮食生活不规律、工作压力和心理压力过大等精神环境因素造成神经、内分泌、免疫、消化、循环、运动等系统的功能紊乱，导致患上疲劳综合征。

为了高薪和更好的工作机会，他们往往需要负荷高强度的工作，加班自然也成了他们的家常便饭。许多工作的人会掉入这样一个怪圈——工作是为了赚钱（仅从物质层面分析），赚钱是为了更好地生活。很多人的初衷是这样，但是最后似乎在"赚钱"到"更好生活"的过渡中迷失了自己本来的目的。

21世纪，女人的生活方式正在悄悄改写：已婚的女人不再是只束缚在厨房，养儿育女，让青春悄悄流失。而是根据自己的渴求及希望，量身定做属于自己的享受方式，最重要的是，女人再也不需要因享受而感到罪恶，享受，已经是现代女人必备的新美德之一。

很多女人为了事业的成功只会工作而不会娱乐，整日像机器一样疯狂地运转。人类的文明创造和高科技的娱乐场所，她从来没有享受过。这也不是一个真正成功的女人。而最成功的居里夫人也把娱乐列为成功的因素之一。

21世纪的成功人士，一定是会工作、会休息娱乐的人。因为，学会娱乐是为了更好地工作。其实，娱乐休闲也是极有价值的生活，人们能从休假中获得更大的益处和更多的生命资本。

现在很多年轻人工作是为了赚钱，要赚钱就要更强力地工作。我们的生活应该像一个发射点，由一个稳固的点发散出丰富的内容，而不是像三角形，把多姿多彩的日子收缩在一个范围内。

聪明、自信的女人会不惜代价换取娱乐休闲的时间。她们带着清醒的头脑、诱人的魅力、饱满的精神和新的希望，她们简直像一个新人，不再感觉疲劳和厌倦，而是充满了愉悦和快乐。

花掉一些时间，而可以使你重新获得充沛的精力，使你重获应对各种问题的更大能量，使你对生命、对工作、对事业有一种新的认识和愉快的感觉，这是一项成功的人生目标。

享受生活，努力去丰富生活的内容，努力去提升生活的质量；愉快地工作，也愉快地休闲，使杂务中断，使烦忧消散，使灵性回归，使幸福重现，过一种"灵魂修养的生活"。

偶尔还可以"嚣张"一次，什么也不准备就上街，四处走走看看，放纵地享受每一分、每一秒。林语堂先生说过："我总以为生活的目的即是生活的真享受……是一种对待人生的自然态度。"

我们不应该把生活只浓缩成工作。应该适当休息，培养自己随遇而安的情怀，处事"糊涂"一点，不对所有的事处心积虑地算计。可以的话，我们可以多去旅行，跋山涉水，去一些地方冒险。

其实人生就如同一趟没有回程的单程火车，如果我们的脚步太过匆忙，就会错过很多美丽的风景。对于"加班族"、"工作狂"来说，放慢脚步，学会对生活喊"Cut"，学会享受生活，才是我们最需要学习的人生哲学。

心理透视镜：在快节奏中工作的现代女性更应该善待自己。今天，女人的快乐生活，由你自己打造！

第三章
CHAPTER 03

心灵的救护药箱
——女人远离坏情绪的法宝

情绪本身没有好与坏的分别，每一种情绪出现背后总有一个正面的动机，尽管被我们认为是"坏"的情绪，但它揭示着我们情绪背后发生的事情。坏情绪是一种自我保护的需要，因为坏情绪会催促我们去做些什么，从而可以避免出现更大的危险。

找出你坏情绪背后的原因，那些原因就是你需要去修的功课。

一、小心心理病症，别做亚健康美女

许多职业女性总是感到"很累，不想工作，看到办公桌和电脑就开始烦"，"浑身无力、思想涣散、头痛、眼睛疲劳"，"白天容易疲倦，想睡觉，上了床却经常睡不着"。还有的人一年到头感冒不断，鼻塞眩晕。甚至很多女人在起立时出现眼前发黑及耳鸣、咽喉有异物感、胸闷不适、颈肩僵硬、便秘、心悸气短、容易晕车等症状。

到医院查来查去医生也说不出所以然，因为各种指标都在正常范围内。医生说没有病，可身体确实不舒服。许多人医院跑了不少，保健品也没少吃，可是症状依旧。她们经常会问自己："我病了吗？"

她们未必有病，只是由于种种原因处于亚健康状态。

男孩在林黛玉、薛宝钗之间，十之八九都会果断地选择后者。可见，做一个健康的人，保持一份健康的心态非常重要。可以说，女孩必须身心健康才能拥有美丽、和谐的人生。那种捂胸口、皱眉心的病美人已经被时代所淘汰了。

世上人人都企望美，追求美。女性更是爱美，也更注重通过美化自身以显示自我的存在和获得心灵上的满足。

女性对美的享受和对自身美的追求，内容和形式越来越丰富。适当的美容、美发和美的服饰的确会增添女性美的风采。可是美的容貌和服饰依附于身体，若你的精神萎靡不振，骨瘦如柴，有气无力，宛如林黛玉那样的"病美人"，恐怕与现代社会的审美观已是格格不入了。打扮是相对的，而健康的身体才是美丽、和谐的人生的根本。

社会的意识，高效率的工作，激烈的竞争，要求当代女性具有精明强干、反应敏捷、承受力强的特点。要做到这些，健康的身体是首要的。

心理亚健康是指介于心理健康和心理疾病之间的中间状态。诸如人们承受一定刺激或压力时，使人的心理和行为产生稍微的偏离常轨，但又未达到心理疾病的程度。摆脱亚健康状态最主要的是要靠自己积极主动地采取措施，阻断和延缓亚健康状态。

世界卫生组织认为现代人身体健康的具体标准是"五快三良好"，这"五快"即"吃得快、便得快、睡得快、说得快、走得快"。

吃得快是指胃口好。吃得香甜，吃得平衡，吃得适量。

便得快是指大小便通畅，胃肠消化功能好。

睡得快是指上床后很快熟睡，并睡得深，不容易被惊醒，又能按时清醒，醒来后头脑清楚、精神饱满、精力充沛。

说得快是指思维能力好。对任何问题，在有限时间内能讲得清楚、明白，语言表达全面、准确、清晰、流畅。对别人讲的话能很快领会、理解，大脑功能正常。

走得快反映心脏功能好。俗话说"看人老不老，先看手和脚"；"将病腰先病，人老腿先老"。腿是精气之根，是健康的基石，是人的第二心脏。

"三良好"的标准是针对人的心理健康而言的，即良好的个人性格、良好的处事能力、良好的人际关系。

要想有一个健康的身体，首先要均衡营养，维生素需要广泛摄入，当人处于亚健康状态时，体内自由基会加速衰老的进程。此外，日常生活中还应多摄入微量元素锌、硒、B族维生素等，还要多喝奶补充钙质。

其次要加强自我运动，运动可以提高人体对疾病的抵抗能力，是放松心情的良药。

人在社会上生存，难免会有很多烦恼，且要应对各种挑战，最重要的是通过心理调节维持心理平衡，这就需要把心放宽。

总之，有了健康的身体，才会精神抖擞，端庄稳重，处事乐观，机智敏捷，落落大方，才会拥有和谐、美丽的人生。

心理透视镜：女人一定要谨记，不能让身心一直处于高强度、快节奏的生活中，一定要做适当的调节来缓解来自亚健康的压力，适度劳逸是健康之母，不要让亚健康影响到你的生活，更不要让它阻碍了自己走向幸福的道路。

二、平衡心灵的秤杆，给自己一点心理补偿

听妈妈讲，以前姥姥的村子里有一个女人，她的一生充满不幸，19岁那年，她嫁给了邻村跑生意的强生，可结婚不到半年，跑到邻省进货的强生便如同泥牛入海，再也没有音讯。而那时，她已经有孕在身，不久，生下了一个儿子。

没有了男人，孩子又小，这日子可怎么过？儿子在她的精心照顾下，一天天健康地成长，家在她勤劳双手的支撑下，虽艰辛但不乏笑声。

在她的儿子18岁的那一年，一支部队从村里经过，儿子说，他到外面去寻找父亲，参军走了。

儿子走后也是音讯全无。有人说她儿子死在战场上了。她不信，她比以前更勤劳，不停地奔走四乡，积累钱财。她告诉人们，她要挣钱盖一所新房子，等丈夫和儿子回来的时候住。

有一年她得了大病，医生说她没有多大希望，但她最后竟奇迹般地活了过来。她说，她还不能就这样死了，儿子还没有回来呢！她活了 102 岁，她是村上最不幸的女人，却是最长寿的一位。

女人走向幸福的道路上，最大的障碍之一就是生活中的苦难和压力蒙蔽了感知幸福的心灵，所以女人要学着平衡自己的心理。

心理失衡的现象在现代竞争日益激烈的生活中时有发生。但凡遇到家人争吵、被人误解、讥讽等情况时，各种消极情绪就会在内心积累，从而使心理失去平衡。

消极情绪占据内心的一部分，而由于惯性的作用使这部分越来越沉重，越来越狭窄；而未被占据的那部分却越来越空，越变越轻。

人好似一架天平，左边是心理补偿功能，右边是消极情绪和心理压力。你能在多大程度上加重补偿功能的砝码而达到心理平衡，你就能在多大程度

上拥有了时间和精力，信心百倍地去从事那些有待你完成的任务，并有充分的乐趣去享受人生。

生活中的不如意就是这样，常常会不期而至。失恋、离婚、失业、疾病、丧失亲人……所罗门说："人有疾病，心能忍耐，也可承担；精神若已崩溃，一切就会成空。"

面对越来越复杂、越来越纷乱的社会，在背负巨大心理压力的同时，我们还会经常碰到各种各样的困难和挫折，当这一切突如其来无法解决时，就需要我们加重"心理补偿"的砝码。

当不幸来临时，有的女人心灰意冷，自暴自弃，让美丽在岁月蹉跎中枯萎；另一种女人则是直面生活，心在梦在，让精神的美丽永远摇曳在不屈的抗争里。

对于乐观、自信的女人来说，即使再漆黑的夜晚，也能看到星星仍在闪烁；即使乌云再密，仍然坚信太阳不久就会照耀头顶。女人应坦然地接纳生活中一切不幸的遭遇，用一种微笑的态度去接受困难。那种欢快折射出的美丽，使整个世界都流光溢彩、灿烂无比！

女人的快乐很简单，似一片白云那么纯洁，似一杯浓茶那么清香，似一点星光那么宁静，似一抹朝霞那么绚烂。快乐之于女人是最要紧的。

著名的台湾佛学大师海涛法师说过：当今社会，不是让你去改变谁的时候，而是你要懂得学会接受，以一个好的心态坦然地接受它。当你凡事都以乐观的心态去面对的时候，你会惊讶地发现，无论多么大的困难，都不是可怕的，世界原来竟是那么的美好，我们的生活处处都充满了阳光。

生活就像一面镜子，你给它以笑容，它也同样以笑容回报你。

 心理透视镜： 雨果说："笑就是阳光，它能驱逐人们脸上的冬日。"谁也别想把黑暗放在你面前，让太阳生长在你心底。

三、音乐赶走精神疲劳，耳朵缓解压力

不经意间，季节已悄然转换。当大雁开始南飞，当空中飘起飞雪，当爆竹再次响起，当柳树又吐新绿，日子已如白驹过隙。

快节奏的生活已经使现代人整日步履匆匆，经常处于忙忙碌碌的状态。很多女人整日忙于工作，忙于家务，忙于照顾家人，似乎每一天都在不停地奔波。被打磨得疲惫、麻木的心，渐渐忽略了生活中许多细小的却是真真切切的快乐。

在高速发展的社会中，许多人经受不住社会压力，就会寻求各种减压方式。而音乐减压是最受人们欢迎的，在轻缓的音乐中，人们才可以放松心情，静静地去享受。让人们暂时忘记了烦恼，暂时在音乐的海洋中让自己的神经得到舒缓。

音乐是天使的语言，它最容易触动我们的心灵，带给我们至美的享受。没有音乐，生活将是一个错误。音乐是心灵的伴侣。美妙的音乐带给人们的是美的享受，情的陶冶，心的传递。

忙碌了一天，晚上回到家里，不妨选一组喜欢的音乐，在一个安静的房子里，给自己一个比较舒适的姿势，斜倚在沙发上，或者半躺在躺椅上，或者干脆随意地让自己倒在床上，开着音响，如果怕影响其他人，塞着耳机也行，总之只要自己舒服就行。

微闭着眼睛，不用刻意地去留意音乐表达了怎样的一种情感，只是很随性、很随意地让音乐缓缓地流过，通过你的耳朵，传到你的心里。让自己的思绪随意地飘飞，不必强求，也不必压抑，一切都是那么的自然随性。

慢慢地让自己的所有神经都放松，不再把心思放到那

些扰人神经的烦恼事情上，抛开外面的一切，听音乐吧。聆听轻缓的音乐是一种廉价却又有效的畅然享受。

著名作曲家冼星海说过："音乐，是人生最大的快乐，音乐是生活中的一

股清泉，音乐是陶冶性情的熔炉。"欣赏音乐是一种美的享受，可以调剂人们的生活，音乐可以传递感情，还可以振奋精神、鼓舞斗志、陶冶情操。

音乐的魅力是无穷无尽的，或如《高山流水》气势磅礴，或如《梅花三弄》婉转缠绵，或如《二泉映月》哀婉动人，或如《梁祝》凄美断肠……不一样的时刻，不同的心事和心情，独上西楼，望断天涯，寂寞无处排遣的时候，或许，音乐是最好的寄托，依水而立，一曲诉尽无限心事。

也许，在音乐的世界里，你的意识在慢慢变得模糊，不要紧，让自己慢慢放松吧，即使睡着了也无妨，这本是一个放松的空间，让身心得到完全的休息，不要因为自己在音乐的世界里睡着而感到惭愧，而应该感到幸福，让音乐伴着你入眠，是多么美好的一件事。

音乐是女性心灵的伴侣，是女人心事最时尚、最浪漫的表达，也是抚慰女人心灵的和煦之风。音乐能刺激你的感官，激发联想，还能使心灵得到满足，身体得到放松，并且可以抚慰生活压力下积累起来的紧张情绪，让人精神振奋、欢欣、轻松自如。

 心理透视镜：音乐是天使的语言，它最容易触动我们的心灵，带给我们至美的享受。音乐是高尚的艺术形式，它可以陶冶情操、交流情感，为生活增添魅力。

四、倾诉你的烦恼，心理呕吐法

要幸福，就是要学会忘记磨难给自己带来的烦闷，就是要让自己以无限的心理空间去容纳积极的情绪，就是把一腔抑郁发泄出来。

倾诉是一种能力，倾诉是一种本能，是人们感情倾泻的渠道。

女人们知道朋友之间不只是要分享快乐，更重要的，还要分担烦恼和忧愁，这才是友谊的真诚和珍贵之处，不要把满腔心事都憋在心里，自己一个人默默吞咽，这种感觉很苦闷。烦恼需要倾诉，有些事情说出来就好了，心情其实只是需要一个出口，一个发泄的出口。

如果你感到自己正承受着莫名的压力，那么就找一个信任的朋友，给他（她）打电话，约他（她）出来，就说想找他诉说烦恼，不一定非要一把鼻涕一把泪。

放松心态，平静地娓娓道来，烦恼也如涓涓细流，从你的口中慢慢流出。也可以如山洪爆发一般，在顷刻之间决堤。当我们对朋友叙述着抑郁时，理解和友爱消除了我们心中的郁结。

跟朋友诉说的时候，不要顾及太多，不必在意自己是否失态，也不必在意别人是否笑话你。我们不是暗自慨叹身心疲惫，埋怨生活对自己薄情不公，不是暗自伤神、怨天尤人，而是要在倾诉中，释放内心的痛苦。

朋友的安慰和鼓励，要用心倾听，要诚恳地接受，不要顽固、偏执地坚守着那份苦恼，否则就失去了倾诉的价值。倾诉不是为了把烦恼倒给别人，然后两个人一起把烦恼一分为二地分担，而是让烦恼化为云烟，消失在九霄云外，这才是倾诉的目的和初衷。

从心理学角度来说，倾诉是缓解压抑情绪的重要手段。当一个人被心理负担压得透不过气来的时候，有人真诚而耐心地来听他的倾诉，他就会有一种如释重负的感觉。所谓"一吐为快"，正是这个道理。

现代心理学中有"心理呕吐"的说法。倾诉不仅能使听者真正理解一个人，对于倾诉者来说，也有奇特的效果，心理上会出现一系列的变化。他会感觉到他终于被人理解了，内心有一种欣慰之感，进而使压抑感得到缓解，心理上似乎感到一种解脱，还会产生某种感激之情，愿意谈出更多心里话，这便是转变的开始。

一个人如能从混乱的思绪中走出来，换一个角度去思考问题，重新审视自己的内心世界，那些原来以为无法解决的问题就会迎刃而解。

对于青春期的女孩来说，不要过度倾诉。进入青春期的少女更容易有"共同反刍"的行为，当女孩们互诉心中的烦恼时，她们可能会因为得到支持和肯定而感觉好一些。但由于她们不是在就事论事，因此她们可能会聊得越多心情越糟，也更容易抑郁或者焦虑。

适度的倾诉使我们获得安详、宁静，释放并获得心灵的慰藉，使我们看到一个安然的世界，孤独在倾诉中化为烟云，痛苦在风中漫天飞舞，袅袅飘散……

倾诉者在倾诉中获得快乐和轻松的幸福。倾听者在倾听中与倾诉者共同承担痛苦和快乐，一起观看太阳的朝升暮落并感受它的灿烂和苍凉。有了这样的一种倾诉，我们才会发现幸福和快乐。

 心理透视镜：希望女性朋友在遭遇烦恼时，尽量不要逃避问题或者猜测问题，而是要积极地去面对，以免让心情指数继续下滑，带来更多的负面情绪。

五、疏通精神洪流，"沙漏哲学"释放压力

第二次世界大战期间，有位在收发室工作的军人叫米诺。他肩负着沉重的任务，每天都得马不停蹄地整理在战争中死伤和失踪者的最新消息记录。

源源不绝的信息接踵而来，收发室的人员必须分秒必争地处理，一丁点儿的小错误都可能会造成难以弥补的后果。

米诺的心始终悬在半空中，小心翼翼地避免出现任何差错。在压力和疲劳的袭击之下，米诺患上了结肠痉挛症。身体上的病痛使他忧心忡忡，他担心自己从此一蹶不振，又担心是否能撑到战争结束活着回去见到家人。

在身体和心理的双重煎熬下，米诺整个人都瘦了下来。他想自己就要垮了，几乎不再奢望会有痊愈的那一天。

一天，米诺终于不支倒地，被送进医院。军医了解他的情况后，语重心长地对他说："米诺先生，你身体上的毛病其实没什么大不了，真正的问题是出在你的心里。"

军医接着说道，"我希望你把自己的生命想象成一个沙漏。你想想看，在

沙漏的上半部，有成千上万的沙子，它们在流过中间那条细缝时，都是平均而且缓慢的，除了弄坏它，你和我都没办法让更多沙粒同时通过那条窄缝。人也是一样，每一个人都像是一个沙漏，每天都有一大堆的工作等着我们去做，但是我们必须一次一件慢慢地来，否则我们的精神绝对承受不了。"

医生的忠告给了米诺很大的启发。从那以后，他就一直奉行着这种"沙漏哲学"，即使问题如成千上万的沙子般涌到面前，米诺也能沉着应对，不再杞人忧天。他反复告诫自己说："一次只流过一粒沙子，一次只做一件工作。"

没过多久，米诺的身体便恢复正常了，同时他也学会如何从容不迫地面对自己的工作了。

如今，我们被越来越多的各种压力所困扰，压力让我们睡眠紊乱、记忆力衰退、情绪偏激，健康状况江河日下。

生活在大都市中的女人，面对太多的压力，无论是职场上的"谁与争锋"，或者爱情上的"金枝欲孽"，或者"剩女"遭遇家庭的"催婚战斗"，或者演绎着一幕幕"蜗居"、"房奴"，家务、工作、孩子让自己焦头烂额……女人有着太多生活所带来的压力。

这些压力让女人随时进入一种"备战状态"，精神高度紧张，绝大多数女人都面临着相似的境况。可以说，承受压力是一个现代女人的常态。问题是，女人到底能不能承受如此多、如此大的压力呢？

其实这些压力更大的方面来源于自我，是我们自己让自己的心灵背负了沉重的压力。

完全没有心理压力的情况是不存在的。如果生活失去了压力，那么"空虚"就会找上门来，变得无所事事。这样的生活更加不利于我们的心理健康和生理健康。生活在高压中的人更应该笑对压力。

在心理压力之下，我们要能够保持较好的觉醒状态，使智力活动处于较高的水平，更好地处理生活中的各种事件。

心理透视镜：让压力一点一滴来，它会不断推动着你努力前进。女人要学会减压才能经得起挑战，好的状态胜过一切。

六、痛苦情绪需疏导，写日记降焦虑

消极情绪是指在某种具体行为中，由外因或内因影响而产生的不利于你继续完成工作或者正常思考的情感。消极情绪包括忧愁、悲伤、愤怒、紧张、焦虑、痛苦、恐惧、憎恨等。

消极情绪的产生是因人因时因事而异的，对"应激源"产生的反应；在工作、学习或生活中遭受了挫折；受到了他人的挖苦或讽刺；莫名其妙的情绪低落等都会让我们产生消极的情绪。

消极的情绪对人的健康是非常有害的。为了身体健康和生活愉快，当痛苦的情绪围绕你时，应当想办法尽快从中解脱出来。

当我们情绪低落的时候，不要试着让自己独处，不要让自己沉溺于低落的情绪之中，应该多与朋友交流，让你的朋友去鼓励你，开导你，要将你的不良情绪都宣泄、释放出来，而不是一个人闷在心中。

芝加哥焦虑治疗师 Dave Carbonell 博士指出，学习如何应对焦虑是非常重要的。一项研究发现，调整呼吸和写日记等复合方法有助于克服焦虑。

1. 当焦虑来临时学会接受

人们总是强烈地想要摆脱焦虑，但仅凭意愿是不能实现的。可是如今再回想起来，你就会发现所有的困扰都会过去，无论当时你觉得多么难以接受。

2. 记日记，客观看待焦虑

一旦你确定了自己正在遭受焦虑的侵扰，那么试着记录下你的症状和你的想法，这些能够帮助你客观地看待焦虑。

希波克拉底说过："有办法可以用语言描述的，就可能超越。"每天至少留出15分钟处理使你焦虑的想法，在焦虑状态出现时或出现后，立刻记下当时的想法。记录下你正经历的事情，这样能够帮助你停止想象最坏的情景。

3．调整呼吸

呼吸急促是感到焦虑的一种症状。短暂的浅呼吸会让你的感觉更糟糕，不妨试试腹式呼吸。Dave Carbonell 将此呼吸形容为婴儿的肚皮随着呼吸而起伏的呼吸方法。

感到焦虑时，就深呼气，让肩膀放松，再深吸一口气。深呼吸时，肚皮随之起伏。把手放在肚皮上，就可以感觉到。

4．放松身体

这句话说起来容易，但是真的感到焦虑时，你会发现身体的某个部位会变得非常紧张。那就先努力收紧这个部位再让它放松。

如果焦虑时，你发现有些身体部位不听使唤，那么就先选择放松那些能正常做出反应的部位，如脚趾或肩膀。你越是能够做到深呼吸和放松，就越能克服焦虑。

5．和自己说话

当意识到自己正在焦虑时，不妨大声说出来。告诉自己焦虑总会过去，它不会杀了你或者让你晕过去。当血压降低时，人们会晕倒。恐慌时，你觉得自己要晕倒，但是实际上不会，因为这时你的血压并没有降低。将这样的道理大声说出来，提醒自己。

6．回归当下

尽管你的本能可能让你想要逃避充满压力的现状，但是不要这么做。Carmin 建议说，"先降低你的焦虑水平。然后，你可以决定焦虑时是否离开，或是做些什么。回归到当下可以帮助你战胜焦虑，但是第一次这么做会很难，和我共事的人让我最为尊敬的一点是，他们拥有飞跃的信心，即使是那些令自己害怕的事情也会去做，这非常需要勇气"。

7. 寻求帮助

焦虑时，人们是最为担心和害怕的。通常来讲，焦虑不会像心脏病发作那样引发身体问题。但是如果经常出现焦虑症状，你最好还是去看一下这方面的专家。

 心理透视镜： 一个真正懂得生活的女人不会让消极的情绪进入自己的生活，她们懂得享受生活所带来的痛苦和欢乐。虽然生活并不尽如人意，但生活本身就是一段历程。

七、善待自我，先爱自己才能爱人

"见了他，她变得很低很低，低到尘埃里，但她心里是欢喜的，从尘埃里开出花来。"张爱玲爱着胡兰成的时候说，当一个女子爱上一个男子，就会变得很低很低，低到尘埃里去。一个如此清傲而又有才情的女子，怎么会为了一个男子而甘愿低到尘埃里去，并且从尘埃里开出欢喜的花来呢？

有人说，爱到深处是卑微。但在一段不平等的爱里，婚姻的天平又能平衡多久呢？

女人总是会犯这样一个错误，无论是再坚强、再优秀的女人，只要真心实意爱上一个男人，就会完全迷失自己。随意地活着，你不一定很平凡，但刻意地活着，你一定会很痛苦，其实人活着的目的只有一个，那就是不辜负自己。

爱让女人失去了自己，爱让女人迷离了思绪，爱让女人身段放得很低，爱让女人完全奉献了自己。一个不爱自己的女人是不会得到男人真正疼惜的。

梁晓声说，用 1/3 的心思去爱一个男人，就不算负情于男人了；用另外 1/3 的心思，去爱世界和生活本身；再用那剩下的 1/3 心思来爱自己。那一句"再用那剩下的 1/3 心思来爱自己"无法不让人动容。

我们的生活中，有多少女人用 1/3 的心思爱过自己呢？哪怕 1/4 或是 1/5 也可以，但是很多女人都没有做到这点。

中国女人是世界上最傻、最善良的女人。孩子没出生之前，用尽心思去爱老公，等到孩子出生了，对老公的爱不变，还要全身心地去爱孩子，这时的女人眼里就更没有自己了，她们会觉得自己的世界里只有他们爷俩最为重要，这时的女人是完完全全地把自己给忽略了。一个女人应该学会好好地去爱自己，一个不爱自己的人，又怎么能期待别人爱你呢？

爱自己就是，我是我自己的主人，我理解和认识我每次的经历，并承担责任。我对我自己坦率，让自己能感受身旁和体内的一切，我可以观看，并为之触动。我给予自己足够的重视和关注，让我经常能和自己亲密接触。

爱自己就是，我知道即使有人拒绝我，无情地对待我，甚至歧视我，依然没有人能否定我的价值——我是值得爱的。我不能丢掉这种价值。我知道，即使有人不爱我，不愿意爱我，或声称由于我这样或那样而无法爱我，我依然是个值得爱的人。

女人，一定要活出自己的精彩，不要把自己丢失了。女人要学会拿得起放得下。女人要爱老公，爱孩子，爱世界，也要好好地爱自己。留一点时间给自己，看自己想看的书，做自己想做的事。给自己一点钱，买自己想买的衣服，喝自己想喝的咖啡，做自己想做的美容。

给自己一个小小的空间，装一个真实、敏感、脆弱的自己。给自己一个机会，也像男人那样，找一个知己，给自己心灵一个难得的愉悦，但不要找情人。

亲爱的女人们，无论你是花容月貌，还是姿色平平，都请认真地好好爱自己。

希望有一天，所有的女人都可以用很响亮的声音对自己也对别人说，没有人爱我没关系，我爱我自己，我爱这个世界，世界因我而精彩！

心理透视镜：学会爱自己，别人自然愿意融入你的生活，也会期待跟你有更多的互动。如果你想变得幸福，就爱自己吧！

八、我们做不到尽善尽美，原谅自己的不完美

谢尔·西尔弗斯坦在《丢失的那块儿》里讲过这样一个故事：一个圆被疾驰而过的汽车压去了一个角，从此，它再也不是同伴们羡慕的"圆圆"。

为了让自己重新完美起来，圆偷偷溜出来，寻找残缺的一部分。

在寻找的过程中，圆只能行走在路上。它的转速有些慢，它可以感受到和煦的阳光温暖地照着，风儿轻轻地吹着。它和美丽的鲜花打招呼，和天上飞过的蝴蝶交朋友，听蜜蜂唱歌，甚至为自己能轻巧地避开爬过的蚂蚁而感到自豪。

功夫不负有心人，它终于在一片树林的小路上找到自己的另一块，圆欣喜若狂，它迫不及待地恢复了"圆"。

恢复后的圆运行速度实在太快了。它来不及和朋友们打声招呼，来不及欣赏就匆匆远去了。

在来不及停住的那一刻，它听见了碎片剥离的声音。它没有停下来抚摩自己的疼痛，甚至没有回头看一眼拼在它身上让它完美的碎片。它继续着自己的脚步，这一次，它不是去寻找，而是让自己真实地享受生活。

这个世界本来就不是完美的，它以缺陷的形式呈现给我们。如果事事追求尽善尽美，那么无疑是自讨苦吃。

有了缺憾就会产生追求的目标，有了目标，就如同候鸟有了目的地，即使总在飞翔，但有期望的目标，总是能够坚持下去。

如果事事追求完善，都要拼命做好，这会使我们自己陷入困境，不要让尽善尽美主义妨碍我们参加愉快的活动，而仅仅成为一个旁观者，我们可以试着将"尽力做好"改成"努力去做"。

有些女人为了追求一种完美，不停地苛责自己。追求完美没有错，可怕的是追而不得后的自卑与堕落。即使缺陷再大的人也有其闪光点，正如再完美的人也有缺陷。能够充分发挥自己的长处，照样可以赢得精彩人生。人生

中，我们应该静下心来，一步一个脚印地去拣起你认为是相对完美的树叶。

"金无足赤，人无完人"，女人又何尝不是如此，所谓的完美不过是一些虚幻的想象而已。人生的确有许多不完美之处，每个人都会有各式各样的缺陷。其实，没有缺憾我们便无法去衡量完美。仔细想想，缺憾其实不也是一种完美吗?

断臂的维纳斯塑像，她的断臂当然不是雕塑家的初衷，而是从地下挖掘出来时无意中给碰掉的，可是人们却惊讶地发现她是如此之美。也许这种美恰恰就在于她的残缺。失去也是得到，有缺憾的地方正好给人们留下了广阔的想象空间。没有最好，只有更好。

人生就是充满缺陷的旅程。没有缺陷就意味着圆满，绝对的圆满便意味着没有希望，没有追求，停滞不前。人生圆满，人生便停止了追求的脚步。

生活也不可能完美无缺，也正因为有了残缺，我们才有梦想。当我们为梦想和希望付出努力时，我们就已经拥有了一个完整的自我。生活不是一场必须拿满分的考试。

我的一个好友从小就是个要强的人：考试会因为一个小失误而痛悔莫及，把试卷撕得粉碎；想要做好的事因为一个小环节不尽如人意，就把整件事推倒重来。甚至忍受不了别人马马虎虎、敷衍的态度，总觉得要做一件事，就要做得尽善尽美。从小到大他一直是老师眼里"最优秀"的学生。可是，在他刚刚参加工作时，因为缺乏经验，屡次出现问题。每次出现问题，他都会彻夜难眠，不能原谅自己，甚至越来越觉得自己一无是处。他沮丧透顶，不能接受自己不够优秀，甚至很失败，为此曾一度悲观至极。

其实，人生本是一趟充满遗憾而不完美的旅程。任何人，任何事，都不可能尽善尽美。追求完美没有错，但是一定要学会接受不完美的自己。

因为你不完美，才会有更为丰富的人生历程。失败、挫折、遗憾、痛悔，跌倒后重新站起来的喜悦，克服弱点重塑自我后的欣慰，那些弥足珍贵的瑕疵都是值得珍惜的。接受不完美的自己，才会收获完美的人生。

> 心理透视镜：美玉上的瑕疵，更能衬托玉本身的美。瑕不掩瑜，白璧微瑕也是一种美。做快乐的自己才是最重要的。

九、幸福是什么，决定要幸福才能幸福

我认识一个女孩子，她生性乐观、积极。清晨醒来，她会对镜中的自己大声说："今天是个好日子。"即使昨天的坏情绪尚未消除，她还是会大声地说。

刷牙的时候，她想着刷牙是一件多么令人愉快的事，牙齿将变得洁白、干净，不会受到蛀虫的侵袭，口气清新。

洗脸也是一件非常愉快的事，因为清水的湿润会使脸上的皮肤感到无比的舒畅，这都使她感到幸福。

幸福，一个充满温暖和爱的词语，幸福是女人一生都在追求的目标，但是真正的幸福又是什么呢？是奢侈的物质享受还是丰富的精神享受？是拥有一个幸福的家庭还是拥有一份成功的事业？

人生是美好的，人生是快乐的，人生的最大乐趣是享受人生的幸福。幸福并没有固定的标准，也没有固定的模式，它是来自女人内心深处的一种感觉，更是一种心态，一种习惯，一种满足。我们时时刻刻都想和幸福做朋友，只是，幸福经常喜欢和我们"捉迷藏"。

幸福隐蔽在生活的每一个细节中，没有逻辑，没有规律。同时，它也存在于每一个人的心中，因为一个人只有在觉得自己幸福的时候才是幸福的，这种幸福，是一种心情，是一种满足，是一种习惯，是一种付出，也是一种享受。幸福是一种心灵的震颤，就像在寒冷的日子里看到太阳，心里不知不觉温暖起来。

生活在这喧嚣的尘世中，幸福的女人是一道隽永的风景。歌德说："永恒之女性，引我们上升。"其实，在人世的征途上，对幸福的执着追求同样引领着我们前进。幸福，是女人永远的守候。

幸福是一种感觉而不是拥有，幸福是无法比较的。幸福与否，是每个人自身的感受。幸福是人生一位匆匆的过客，是在平淡无奇的生活中一闪而过，快得使人来不及体会。幸福就在于把握现在，珍惜所有，要时时感悟幸福，及时抓住幸福，稍有不慎，她便与我们擦肩而过。

美国作家莉萨·普兰特说："幸福来源于简单生活。简单其实是一种全新的生活哲学，当你用一种新的视野观察生活、对待生活，你就会发现简单的东西才是最美的。"真正的幸福来自于发现真实、独特的自我，也就是你永远保持心灵中的那份宁静。

著名作家冰心也说过："如果你简单，那么这个世界也就简单。"简单是一种生活态度，简单是一种人生智慧，简单是一种人生境界。简单的生活能让我们抛弃浮华，实现心境的宁静致远；简单的生活能让我们跨越平庸，焕发生命的无穷张力。

《易经》中有句名言："乾以易知，坤以简能。"真的期盼精髓曰简，简省凝静，人生归于简单，幸福归于平凡。女人的幸福如此简单，如此质朴。

幸福是你身边的每一物，幸福是你生命的每一刻，是默默的问候，是静

静的关怀。幸福是一对白发老人相互搀扶的双手，是我们童年沾满泥巴的笑脸。幸福是一个人、一杯茶、一本书的静谧，是携侣登高、听风沐雨的闲致。幸福是长辈的一声唠叨，是爱人的一个微笑。

真正的幸福是不能描写的，它只能体会，体会越深就越难以描写，因为真正的幸福不是一些事实的汇集，而是一种状态的持续。

幸福不是给别人看的，与别人怎样说无关，重要的是自己心中充满快乐的阳光，也就是说，幸福掌握在自己手中，而不是在别人眼中。幸福是一种感觉，这种感觉应该是愉快的，使人心情舒畅、甜蜜快乐。

有人把幸福比作上帝掷到人间的一块最费思量的诱饵，没有得到的时候，她让你魂牵梦萦，一旦得到，又让你感到味道索然。所以，幸福是一种感觉

聪明女人们必懂的1000个 心理学常识（图解案例版）

而不是拥有。如果你觉得别人比你更幸福，那一定是你把自己的幸福弄丢了，好好找找看，幸福需要细心地去感悟。

　　心理透视镜：呼唤幸福的行为和心境，让幸福呈现纯朴本真，消除生活的羁绊；让幸福保持清醒，提炼纷繁的人生。

第四章
CHAPTER 04

女人既要"深藏"又要"露"
——与上司相处的心理策略

　　职场女性，身上透露的应该是含蓄、优雅、沉着的气质，而不再是明媚如花，而是暗地妖娆，犹如一朵温馨、淡雅、妩媚怡人的百合，慢慢绽放出那淡淡的香味。对于工作上的事情，切不能马虎，要尽心尽力地完成，让工作能力也成为自己的一道杀手锏。

一、常请教：表达对上司的尊重

我公司有一位资历较老的员工，她对专业技能的掌握程度可谓是无人能及。在单位干了十几年，她的年龄也随着增长，对待新事物的接受和理解难免有些力不从心。特别是对电脑和互联网的应用，她感觉自己需要学习的地方太多了。这方面她最敬佩的就是她的顶头上司刘主任。刘主任虽然和自己年龄相仿，但却是个新潮人。有些时候，对于电脑里出现的单词，她都要向刘主任问一问，刘主任经常对她说："老张，这些你不必太在意，有事我们会帮你解决的。"

她却说："不行啊，该我会的东西一定要弄明白，我虽然老了，可我不想被淘汰。"刘主任对她的这种态度很钦佩，还特地表扬了她的这种精神。

在上司眼里，不懂就问是一个下属应该有的一种很好的工作和学习态度。因此，职场中的女人们，如果想赢得上司的信任，不妨利用这一把利器。任何一个上司都渴望被人尊重，向上司请教，不仅能很好地满足了他们的虚荣心，同时自己又能获得他们的好感。这不是溜须拍马，也不是逢迎献媚，这是一种职场策略。

上司也是人，也有虚荣心。"请教"是一种职场智慧，是一门新的艺术。"向上司请教"既是工作顺利进行的需要，也是下属实现自我提升的有效途径，更是发展良好上下级关系的客观需要。

那么如何向上司请教呢？

向上司请教要把握好分寸和"火候"，既要诚心诚意、虚心受教，又要避免上司的误解，以致产生反效果。

（一）主动请教

职场中，如果工作遇到了困难，一定要请教上司。身处繁忙事务的上司不可能关注到每个下属，主动请教既体现了你积极上进，同时又减少了工作中的错误。

（二）虚心请教，提高自我

虚心不只是一种礼貌，更是一种学习态度。虚心请教会让上司对下属的"请教"产生好感，认为"孺子可教"，也能促使彼此关系的友好、和谐，使工作配合更为默契。对自身而言，虚心请教会让自己受益匪浅，确保工作的顺利进行，促使自己不断上进。

（三）"请教"贵在真心诚意

下属不要将"向上司请教"视为接近上司的幌子和借口。向上司请教要出自真心诚意，要"言之有物"，才可达到"受教"的效果。

如果玩弄某些小"花招"，或是就一些无关痛痒之事向上司"请教"，甚至拿一些冷僻生疏的问题故意为难上司，以显示自己"长于思考"，这种故弄玄虚的做法反而会让上司心生反感。

"请教"要一切以工作开展为核心，不存有任何"非分之想"，不玩弄任何"心机"。

（四）认真聆听

上司在表达观点的时候，尽量不要打断对方的说话，适时点头，表示自己在认真地倾听，让上司产生被尊重的感觉，同时在倾听过程中了解上司的意图和话外之意。在上司讲完后必要时可以进行询问确认。做个稳重的人，不要急于表态。

 心理透视镜：尊重是最基本的礼仪，作为下属，向上司请教问题的时候，一定要注意维护上司的权威，言谈之间让上司感觉到你的尊重。

二、与上司相处身段要柔软

我有一位朋友在一家公关公司上班，她的穿着和与客人相处的细节很重要。可是她却有一个严格的上司，对她的工作和穿着都不满意。其他同事因为受不了上司的严格纷纷转入其他部门或者离职。

可是她一直坚持着，在面对上司时她始终保持柔软的态度，虽然上司非常严格，却在工作上给予她很大的帮助。她柔软的态度，让她和上司相处得很愉快，也因此学到了这个领域的专业知识。由于这位上司，她迅速地走上了轨道。

在工作中，由于受到一些认识方面的局限等其他原因，即使是上司，也未必能作出正确的决策。任何一个职场女性，关键时刻不能唯唯诺诺，有义务对上司提出意见。可是直接的反对可能让上司感到自己的威严受到挑战。聪明的下属会采取"曲线救国"的方法。

上司越是严格，当下属的人越要态度柔软，因为他是你的上司，在职位上高于你，如果有情绪，可以下班后和自己的朋友聊聊天，把自己的情绪发泄出去，但是不可以在上司面前把情绪发泄出来。

职场的很多事务，都是需要不断学习的，在取得成果之前，要先学会调整自己的情绪。

那么怎么样做才是身段柔软呢？

（一）倾听

我们在与上司交谈时，往往是紧张地注意着他对自己的态度是褒是贬，构思自己应作出的反应，而没有真正听清楚上司所谈的问题，不能真正理解他话里蕴含的暗示。

当上司讲话的时候，要排除一切使你紧张的意念，专心聆听。眼睛注视着他，不要呆呆地埋着头，必要时做一点记录。在上司讲完以后，可以稍思片刻，也可问一两个问题，真正弄懂上司的意图。通常情况下，上司不喜欢那种思维迟钝、需要反复叮嘱的人。

（二）简洁

办事简洁、利索是工作人员的基本素质。简洁，就是十分清晰、直截了当地向上司报告，使上司在较短的时间内明白报告的全部内容。有影响的报告不仅反映你的写作水平，还反映你的思考能力。如果必须提交一份详细报告，那最好在文章的前面搞一个内容提要。

（三）讲究战术

提出一个方案，就要认真地整理论据和理由，尽可能摆出它的优势，使上司容易接受。如果能提出多种方案供上司选择，更是一个好办法。不要直接否定上司提出的建议，他可能从某种角度看到了某些可取之处。对于上司提出的建议，如果你认为不合适，最好用提问的方式，表示你的异议。

记住，优雅地向上级告诫"皇帝没穿衣服"的下属，最终会比只知道献媚而使上级作出愚蠢决策的下属境遇要好得多。

（四）解决好自己分内的问题

没有比没有能力解决自己职责分内问题的职员更使上司浪费时间了。解决好自己面临的困难，有助于提高你的工作技能，打开工作局面，同时也会提高你在上司心目中的地位。

（五）维护上司的形象

良好的形象是上司经营管理的核心与灵魂。常向上司介绍新的信息，使他掌握自己工作领域的动态和现状。不过，这一切应在开会之前向上司汇报，让他在会上谈出来，而不是由你在开会时大声炫耀。

（六）积极工作

成功的上司希望下属和他一样，都是乐观主义者。有经验的下属很少使用"困难"、"危机"、"挫折"等词语，而会把困难的境况称为"挑战"，并制订出计划以切实的行动迎接挑战。

（七）信守诺言

只要你的长处超过缺点，上司是会容忍你的。上司最讨厌的是不可靠、没有信誉的下属。如果工作中你确实难以胜任时，要尽快向上司说明。虽然他会有暂时的不快，但是要比到最后失望时产生的不满要好得多。

（八）了解你的上司

对上司的背景、工作习惯、奋斗目标及其喜欢什么、讨厌什么等了如指掌，对你有很大的好处。一个精明强干的上司欣赏的是能深刻了解他，并知道他的愿望和情绪的下属。

（九）关系要适度

你与上司在单位中的地位是不同的，这一点要心中有数。不要使关系过度亲密，过分亲密的关系，容易使上司感到互相平等，这是冒险的举动。

心理透视镜：与上司保持良好的关系，是与你富有创造性、富有成效的工作相一致的，尽职尽责，就是为上司做了最好的事情。

三、汇报工作：有礼也有节

经常性地向上司汇报工作，可以获得上司的指正、减少失误，还能表现出自己对工作的责任心和努力程度，聪明的女性会适时地向上司汇报工作。作为一名职业女性，在汇报工作时，要想让上司认同你的工作，对你有一个好印象，就应该注意汇报工作时的礼仪。能做到恰到好处的优雅，才能充分体现出在职场上的无穷魅力。

向上司汇报工作情况，是身处职场之人的一项重要工作内容之一。在职场中，很多女下属比较胆小，她们往往迫于周围人际环境的压力，唯恐上司责备自己，害怕见到上司。其实在与上司的交流中，主动的态度非常重要。那么怎样向上司汇报工作呢？

（一）遵守时间，不可失约

一个优雅的职业女性就是要做事不拖沓，并有极强的恪守时间的观念。上司的工作大部分都是事先安排好的，因此不能过早抵达，以免上级还没准备好，也不要迟到，让上司等候过久。

如果不能及时赴约，要尽可能有礼貌地告知上司，并以适当方式表示歉意。这也是职场人最基本的礼节之一。

（二）进上司办公室，一定要轻轻敲门，经允许后才能进入

"大大咧咧，破门穿堂"这实在不是一个有教养、有风度的人该做的事情。知礼节的女性即使门是开着的，也要用适当的方式，比如敲敲开着的门，或向上司打个招呼，提示一下有人进来了，这也给上司一个及时调整体态、心理的准备。

（三）汇报工作，"语言"是关键

汇报工作的最终目的是要上司了解你汇报的内容，对一些次要问题，可以说得快一些，对一些重要问题，语速要放慢，还要适时进行重复。整个汇报速度不宜太快，更不能忽略了某些细节的问题。

（四）实事求是，且要掌握好时间

在向上司汇报工作时，一定要丢掉那些"浮"和"假"，有什么汇报什么，如实地反映实际情况，不要进行粉饰和加工。对于自己的本职工作，该报喜就报喜，该报忧就报忧。

时间观念也是一个很重要的因素，我们做任何事情都要有一个时间观念，尤其是汇报工作，时间不宜太长。因为上司大都工作很忙，时间有限，所以汇报工作时，时间要尽可能简短，最好限定在半小时内。这样也会让上司认为你是一个有礼貌的人。

下属向上司汇报工作时有一定的礼仪要求：

当需要进入上司办公室汇报工作时，不可因为你跟上司的关系好，就大大咧咧，破门而入。

特别提醒新职员一定要注意，在办公区域，如无特殊情况，最好"不进无人之室，不入无人之门"。

（五）汇报时，要注意姿态

汇报时，身体姿态要庄重、优雅。站着汇报时，身体应直立，不可手舞足蹈，或在上司面前走来走去说话；如果是坐着汇报工作，要坐有坐相。整体要文雅、大方，说话要彬彬有礼。

（六）汇报工作，要注意时间的控制

一定要控制好汇报的时间，且说话吐字要清晰，条理要清楚。不可东一句西一句，想到哪就说到哪，没有系统性。

在多数情况下，上司有很多事情还需要处理，所以，汇报工作的时间控制在半个小时到一个小时最为合适。汇报结束时最好做一个小结，重复一下要点。

（七）汇报内容要实事求是

汇报的事情不可投其所好，报喜不报忧，更不能歪曲或隐瞒事实真相。提供的情况一定要有理有据，且准确、属实。

对于上司提出的问题，如果一时回答不上来，不可胡编乱造，应用笔马上记下来，待事后再作补充汇报。

心理透视镜：作为一个上司，他们一般都希望了解下属的工作情况，如果我们能实时地向上司汇报工作，让上司知道我们的动向，那么上司一定会对你信任有加。

四、上司的面子比什么都重要

华西里也夫斯基是一个非常有才干的人。但是在斯大林面前，他却经常表现得非常糊涂。在遇到一些问题时，他经常到斯大林那里要求指示。而在谈正题之前，他喜欢同斯大林海阔天空地"闲聊"，往往还会"不经意"地"随便"说说军事问题。

他既非郑重其事地大谈特谈，讲的内容也不是头头是道，好像他根本没有提什么建议，奇妙的是，等华西里也夫斯基走后，斯大林往往会想到一个好计划。

过不了多久，斯大林就会在军事会议上宣布这一计划。于是，大家纷纷称赞斯大林的高瞻远瞩，深谋远虑，但只有斯大林和华西里也夫斯基心里最清楚，谁是计划的真正设计者，谁是真正的思想来源。

人际交往中，每个人都好面子，作为上司也不能免俗。在某些情况下，如果不给上司留面子，轻者会被上司批评或大骂一番，如果遇到心胸狭窄之人便会怀恨在心，遭到打击报复。职场中给上司留足面子很重要。作为女性，与上司相处时一定要发挥女性的优点，既要遵守职业场合的要求，也要充分尊重上司的意见。

职场女性们应该如何尊重上司，给足上司面子呢？

（一）尊重上司，服从上司的安排

作为下属应该明白，每个上司都有被尊重的需求。下属服从上司，是对上司地位和权威的认可。尤其是在公开场合，要向上司表示尊重。当你的能力已经超越上司或上司有缺陷时，不能因此不服从上司的安排，甚至是故意不配合，不与其合作。

（二）保全上司的面子，公众场合不纠正上司的错误

上司也难免有犯错的时候，若下属不分场合地纠正上司的错误，则是一种很愚蠢的行为。女性朋友在与上司相处时，一定要学会保全上司的面子，当上司出现错误或漏洞时，不能当着众人的面纠正。

（三）工作上的事情，不能擅自做主，多请示上司

工作中，如果遇到某些大的问题，作为下属一定不能不加请示，如果代替上司作决定，会让上司认为你的眼中根本没有上司的存在，这同样也是不给上司面子的一种体现。

（四）无论受多大的委屈，也不能当面顶撞上司

工作中，你也许很努力地去完成某件事情，但结果却差强人意。面对来自上司的批评与指责，一定要保持平静的心态。作为一名优秀的职业女性，在面对上司的批评或指责时，不会因为上司的态度不好而当场顶撞。

（五）无论与上司的关系如何，与上司相处时都不能做出过分的行为

上司与下属之间是上下级关系，作为下属，要严格遵守与上司相处的礼仪。不能因为与上司关系好就随便开玩笑，不分主次，或是随便代替上司做决策，更不能因为与上司关系紧张，就故意在背后散布谣言。

仅仅给上司留面子还不够，还要学会适时地给上司"打圆场"。

在上司身边工作，要学会见机行事，当上司陷入尴尬境地时，要帮上司找到台阶下。很多时候，即使上司遇到一些自己无法控制的局面，也不会直

白地表达出来，聪明的女人会细心揣摩上司的倾向性。与上司相处，最重要的是那份"心领神会"。

心理透视镜：作为下属，需要记住，上司的面子比什么都重要。当上司陷入尴尬境地时，要帮上司找到台阶，不能让上司失了面子。

五、别和上司走得太近，他也要树立威严

我的一位高中同学大学毕业后，在一家电脑公司的销售部工作。公司老板是南方人，很看好他的业务水平和交际能力，很多重大的销售项目都带上他。试用期一过，他被提升为销售主管。

他是一个有活力的年轻人，爱开玩笑，老板对他也比较宽容，他跟老板更是成了好朋友。

春节过后时，老板从南方老家回来，心情特别差，常对下属发脾气。有一次，秘书小王被老板骂哭了，他过去安慰。小王抹着眼泪对他说："林哥，你和老板关系好，就不能劝劝他吗？老是这样莫名其妙地发脾气，谁受得了？"他就找个理由，带着部门的同事请老板一块儿吃饭。

那天晚上，大家吃过晚饭，进了歌厅，他安排一个女同事拉老板唱歌。两个人唱歌的时候，有人过去献花，他也兴奋起来，看看四周，刚好有一顶女同事的帽子，就抓起来给老板戴上。大家笑作一团，突然，他发现帽子是绿色的，就模仿赵本山的腔调说："咋还弄了顶绿帽子戴。"大家哄笑，老板却变了脸色，拉下帽子摔在地上……

人与人之间的交往都需要一定的心理距离，作为上司，他们更希望自己能在下属心中树立威信。聪明的职场人，应该知道，千万不要和上司走得太近。

与上司的关系如何，直接关系到自己的职场命运。作为下属，应该懂得要忠诚于自己的上司，听从他，拥戴他。但这并不意味着你可以和上司形影不离。善解人意的职场女性们，在与上司打交道的过程中，要与上司保持一定的距离。

如果对方是男性，那么保持距离不仅能为其树立威信，还能避免很多闲言闲语；如果对方是女性，那么不要以为曾经聊了几句就把上司当成闺蜜而不顾分寸，过多的相处会让你与对方产生矛盾的概率加大。

人与人之间需要沟通，但也需要距离。事实上，任何一个上司，都希望自己在下属中有威望。

上司对自己的评价和态度关系到自己的职场生存，所以几乎每个人都希望给上司留下好的印象。有的人认为只要和上司像朋友一样相处，就会柳暗花明，然而，这往往是一个误区。

聪明的职场女性们要知道的职场法则如下。

1. 不论什么时候，上司就是上司

不论什么时候，上司就是上司，即使你们的关系很不一般，也不意味着对他可以没有敬畏和恭维。不能因为和上司走得近，就忽视了这一点。与上司的关系过分亲密，不一定会成为自己的保护伞，和上司走得太近，会滋长轻视，产生矛盾；有时会让上司被动、为难，甚至反感；同事还会认为你是上司的"亲信"，背后有"靠山"，于是逐渐被同事们边缘化等。

2. 知道上司的隐私如同埋下不定时的炸弹

和上司距离近了，彼此的了解也就多了。朋友之间的相知、相识是一件好事，可是如果你知道了上司的隐私，就一定不是好事！

Business

对上司的生活和私事了如指掌，会在无形中给他（她）一种威胁，万一事情出了差池，自己当然脱不了关系。所以，尽量避免走近上司的生活天地，这也是一条自我保护法则。

3. 距离能减少管理层人事变动对自身的影响

"一朝天子一朝臣"，上司的变动，不可避免地会波及下属的职位。新任管理层一般会在人事上来个"大换血"，尤其是在你的旧上司非正常离职的前提下。如果在别人的印象里你是他的人，那么，这时也许你该做好走人的准备了。

4. 和上司走得太近让别人小看你的成功

也许是靠自己实实在在的努力赢得了升职、加薪，但是，因为你和上司不一般的关系，就会被别人说成"一切皆靠拍马屁得来"。

和上司保持距离的五"贴士"：

（1）减少单独在一起的时间。比如吃饭、逛街、去俱乐部、一起回家等。

（2）减少开玩笑的机会和次数。频繁的玩笑会让别人以为你们的关系已是非常亲密。

（3）不要牵扯到上司的生活里，如果他经常需要你帮忙做一些私事，最好还是找个站得住脚的理由，巧妙回绝为佳。

（4）不要在上司的办公室里一谈就是半天，哪怕是为了工作，以免给他人留下"你是他的心腹"的印象。其实你不妨用报告或 E-mail 的形式汇报工作和提出建议。

（5）千万不要和异性上司有被认作不清不白关系的行为。

> **心理透视镜**：聪明的职场女性们在与上司交谈时多以工作为中心，做好自己的本职工作，避免是是非非，在职场中谨言慎行，决不能说话口无遮拦。

六、巧妙"邀功"，不傻傻埋头苦干

她28 岁，研究生学历，合资物流公司职员，性格温和，低调内敛，一向以干好手头工作、与世无争的低调态度对待工作。今年公司举办周年庆活动，老板手握酒杯走到我们这一桌，忍不住停下来和大家闲聊几句，老板指着她向部门经理问道，"这位女士好眼熟，你的名字是？"

当时，所有人都惊呆了，作为一名上班五年的老员工，老板竟然叫不出她的名字。对职场而言，老板记不住你的名字，这绝不是件好的事情。

职场上，有些女性辛勤工作，却始终"默默无闻"。这些人都"俯首甘为孺子牛"，不知道如何把自己这匹"千里马"展现给上司。是金子总会发光，埋头苦干的人终究会得到老板的赏识，这样的理念显然已经过时了。会干的人很多，但会表现，让上司看到你成绩的人才更适合职场的规则。

很多人默默地深夜加班，秉承内敛、低调的作风，见到老板都习惯性地绕道走，甚至完成了一单大的项目，被他人邀功抢去风头时，也毫不介意。殊不知有些上司最容易患"近视"。自我表现不是办公室的政治游戏，而是一种提高"能见度"的方式。职场不是秀场，哗众取宠不可取，但适当提高自己的"能见度"，也算是一种职场智慧。"抬起头"，只有让上司看到你的努力和能力，才能随时调整好你的职业道路。

让上司了解你的努力及你的优秀是非常重要的。那么我们该怎样巧妙地"邀功"呢？

1. 时刻准备着

准备一个文件夹，里面存放所有你收到的积极的反馈，并且挑选几条具体的放到你的工作回顾中。然后，了解你的职位所涉及的所有重要的数据，比如销售额、新客户数量和与去年同期相比的增长情况。上司是不可能记住每一件你完成的任务的，所以你要自己记下来，包括你完成的重大的项目和你取得的成绩。

2. 态度要谦虚

谦虚的态度和积极的心态是很重要的。在表现你的潜力和流露傲慢情绪之间的界限是很微妙的，所以你要小心地把握好这个度。有一点必须要弄清楚，你要确保所有你汇报的成绩都是你自己取得的。

3. 选择恰当的时间

你随时都可以向上司邀功，不过如果你在不恰当的时候去找上司谈话，还打断了他的工作或惹恼了他的话，那么他就没有心思去听你在说什么了。耐心地等到一个合适的机会去表现。

4. 保持专业素养

职场的黄金法则是：在职场中建立良好的人际关系和职业声誉。你邀功的对象应该是你的上司，在工作回顾中，要和你的上司一起重新定义一下你的工作职责和工作目标。

心理透视镜：做得多不如做得巧，"抬头苦干"的人更容易赢得上司的青睐，身处职场，聪明的女性会让上司看到自己的表现。

七、不说二话，对上司绝对服从

我的一位大学同学小红毕业之后进入一家广告公司从事销售工作，活泼开朗的她很喜欢这份工作，对这份工作抱有极大的热情。

前两天，她的上司给她下了一个任务，让她去一个地方开发市场，由于那个地方十分偏僻，曾经被委派的同事都拒绝了，他们认为那里没有市场。她也犯了愁。不过最后，她还是去了那个地方考察。三个月后，她疲惫地回到了单位，并带来了好消息，那里的市场潜力很大。

在一个公司中，我们更需要服从精神，上司的意识只有通过下属的服从，才能变成一股强大的执行力。商场如战场，一个企业要想获得强大的执行力与竞争力，必须让员工具备服从意识。无论什么时候，积极主动地去完成上司交代的任务是执行的第一步。没有员工的服从，任何一个绝佳的战略和决策都无法施行，员工只有具备良好的服从意识，企业才能进行高效的运转。整体的巨大力量来源于个体的服从精神，任何一个高效的企业都需要有良好的服从观念。

服从的本质就是无条件地遵从上司的指示和安排。大多数情况下，上司考虑问题是从公司整体利益着眼，这对于从自身角度出发的员工来说，其意见和想法可能会截然不同。如果员工有不同的见解，可以在上司未做出决策前提出，而一旦上司做出决策，员工就应该坚决予以执行。

作为一名优秀的员工，做的首要任务就是不找任何借口，思想影响态度，态度影响行动，一个服从命令、不找借口的员工，肯定是一个高度负责和执行力很强的员工，并马上执行！

沃尔玛创始人沃尔顿说："没有服从就没有执行，团队运作的前提条件就是服从。我们要的不是和上司作对的员工，而是服从上司决策，第一时间完成任务的员工。"服从是对上司最好的赞美。

对于职场女性，该如何坚决执行、按照上司的意图办事呢？

1. 服从并去执行

上司也不是圣人，做的决定有时候是不正确的。但既然他是你的上司，就一定有比你强的地方。你应该相信上司。他拥有的不只是资产，还有他在商场上的阅历。以他的经验和知识为基础，犯错的比例一般比下属低。如果你一定要执行你认为是错误的命令，那你唯一能做的就是服从你的上司，并认真地去执行。

在执行的过程中，要积极主动地报告你的工作进度和工作中出现的问题，凭着你不断报告的工作进度，上司就会清楚，是终止还是继续。

2. 你是执行者不是决策者

不管你的职位有多高，都要记住，你是执行者而不是决策者，是协助上司完成工作，而不是制定规则的人。对于上司的决定，要立刻接受并去执行。即便上司的这个决定可能不是完美的，甚至是错误的，在你的建议无效时，你也要放弃自己的意见，全心全意地去执行，并把这项错误造成的损失降到最小。

3. 准确领会上司的意图

在职场中，读懂上司的潜台词，正确领会上司的意图是非常重要的。一个好员工会善于察言观色，领会上司的潜台词。在上司下达指令时，一定要认真聆听。下属要做的是尽可能地将上司的意图变成现实。做一个有心人，才能把工作做得又好又快。

服从上司安排是职员的一种美德，也是日后取得非凡工作成就的必备条件。要在职场中第一时间吸引上司的眼球，博得上司的信任，那么就要坚决服从上司的命令，让上司对你放心。

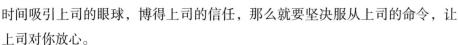

 心理透视镜：身在职场，每个员工都必须具备服从精神，可以说，没有员工的服从，任何一种先进的管理制度和理念都无法建立和推广。

八、从安排工作的行为破译上司的心理密码

我的一位朋友在一次部门内部会议中，不小心说错了话，话一出口，他就意识到了错误。他心想："完蛋了"。会议结束后，他想赶快离开，逃离这个尴尬的气氛。突然有人在背后拍了一下肩膀，他扭头一看，原来是经理，"一会儿你到我办公室来一趟"。他忐忑地来到经理的办公室，经理看见他时就跷起了二郎腿。

跷二郎腿是人身心放松时才会出现的动作，为什么有的上司在办公室中，而且是在下属面前跷起二郎腿儿呢？

这是因为上司想在下属面前装出一副轻松的样子，让自己显得游刃有余，以便让下属对自己产生敬意。另外，也有可能是上司担心在批评下属前，下属就产生畏惧心理，因此才装出一副轻松的样子，让下属不要太紧张。不管是哪种情况，都是上司在向下属暗示自己地位的表现。

在职场中，有的上司喜欢把下属叫到自己的办公室来训话，也有的上司会亲自跑到下属的座位旁下达命令。这两种上司的行为和心理存在什么差异呢？

总爱把下属叫到自己办公室训话的上司，表示他把自己的办公桌当作自己的领地，绝对不会离开一步。说明这位上司缺乏自信，只有把下属叫到自己的势力范围内时，才能保住自己的威严。而另一种上司说明他对自己的能力和上司力充满自信，不管走到哪儿，都会把那里当作自己的势力范围。为了引导下属发挥自己的能力，他会主动走过来，且不会觉得这样就有失上司的威严。

作为下属，揣摩上司的心理非常重要，当上司看到下属的计划书时，如果是把下属叫到自己的办公室询问计划书的细节，说明上司对这份计划书并没有什么信心；如果上司拿着计划书走到下属旁边进行询问，说明上司对这个计划很期待。

在很多人公用一张桌子的情况下，领地意识强的人如果看到别人的物品进入自己的"桌面范围"，就会发脾气。

心理透视镜： 每个人都有自己的领地意识，在自己认为安全的领地里，他们会充满自信，可是一旦离开，就会丧失自信。

第五章
CHAPTER 05

女人不妨若即若离
——与同事相处的心理策略

任何人只要一踏入职场，就必须和同事打交道。聪明的职场女性总能找到一个与同事和睦相处的衔接点。对于公司来说，同事之间气氛越好，工作效率越高。但是"一样米养百样人"，人是很复杂的情感动物，同事之间怎样才能一团和气，应如何处理同事之间的关系呢？

一、保密工作：私密问题不要到处说

我朋友阿轩的丈夫经营着一家公司，结婚后她就不再工作，专心在家相夫教子。可是婚姻却亮起了红灯。她发现丈夫出轨后，毅然决然地离了婚。离婚后她来到一家公司担任助理。来到陌生的环境难免孤单，幸运的是她遇到一位年龄相仿的大姐。

这位大姐是一个热心肠的人，帮了她很多，她很信任这位大姐，一来二去，她就把自己的事告诉了大姐。第二天，她照常来到公司，发现大家看她的眼神不一样了，有怜悯、有不屑。原来她的事在公司已经传开了。

这家公司待不下去了，她只好辞职了。

同事间和睦相处是每个女人的期望，但是，聪明的女人们一定要明白，与同事相处，不能太过于单纯，不要把自己的全部隐私和盘托出，也不要参与办公室里任何人的八卦言谈，专注于自己的工作才是保护自己的有效方法。

办公室里只要有女人存在的地方就有源源不断的"语言"，职场女性要知道每个人都有自己的私人空间，有着自己的秘密。没有人喜欢把自己的隐私当成茶余饭后的谈资，要想拥有良好的人际关系，就务必避免谈及他人隐私。不要像狗仔队挖掘明星绯闻一样，对同事的私事好奇不已。不"八卦"也是对人的一种最起码的尊重。

切记不要成为耳语的散播者，耳语，顾名思义就是在别人背后说的话。女人多的地方，难免会有闲言碎语。这些耳语，就像噪声一样，影响人们的工作情绪。聪明的你要懂得该说的就勇敢地说，不该说的就绝对不要乱说。

职场的女人们，如果你还想保住自己的职位，保住自己的饭碗，以下四个隐私问题在职场中千万不能说！

第五章 女人不妨若即若离——与同事相处的心理策略

1. 情感隐私

对于女人来说，每一段感情都是美好的，是值得珍藏的。"初恋"、"蓝颜"、"前男友"、"前老公"这样的词汇会唤醒女人隐藏在内心的情怀，这种情怀让女人纠结，让女人辗转反侧。

已婚女人对于以往情感的追忆，并不代表女人对老公的不忠和背叛，若想保护好自己的婚姻就不要轻易把它说出口，免得到时候百口莫辩。

2. 生活隐私

在生活中，女人应尽可能地减少与同事分享你的生活，除非你真的确定她真的是你的"闺蜜"。不要在女性朋友间炫耀，更不能摆出优越的姿态，"羡慕嫉妒恨"说的就是这个意思。

3. 职场隐私

职场的隐私关乎女人事业的成败。职场如战场，职场女性一定要懂得"管好自己的嘴巴"，不是所有的私密话题都适合和同事分享的，话题选择不妥当可能会给你造成一定的麻烦。对于女人来说，职场中的那些八卦隐私，就让它们烂在肚子里吧。

4. 思想隐私

学问不在于多，而在于会分享。让别人知道你是一个有头脑的人，不经意间露上一招半式就会让别人对你刮目相看，但是这些思想不要时时挂在嘴边。偶尔透露点"高深"的人才会让别人真的感受到你的神秘。

职场是一个容易惹是非的地方，僧多粥少，在职场里，一定不要谈及自己的隐私，时刻谨记"逢人只说三分话，未可全抛一片心"。

心理透视镜：职场交往中有许多事情需要我们注意。身处职场，一定不要随便谈论自己的过去，更不要传播别人的隐私。

二、对待同事：一视同仁

我认识一个精明的女人，上班没几天就把公司的人事底细摸透了。哪个是老板的红人，哪个是工作能力强的人，哪个是办公室可有可无的人。她生日的那一天，招呼大家去吃饭，可是她只叫了她认为重要的以及在她看来"有用"的人。那些"可有可无"的人并没有被邀请。

虽然她的工作能力得到了大家的认可，但在她转正的时候，她并没有通过。一位老同事说："你那件事做得太难看了，没有被邀请的那些人会怎么想？"她这才知道，自己做错了。

任何一个女人，在跨入职场的那一刻，就必须要和同事们一起为共同的目标、为企业的业绩而奋斗。可以说，同事是她们在工作时间内彼此相互交往、接触最多的人。如何和同事处理好关系是很多职场女性苦恼的问题。

想要在办公室的人际关系中如鱼得水，最主要的就是与同事相处要一视同仁，不可视地位高低、贫贱贵富区别对待。同事间由于性格、爱好、年龄等因素的差别，交往频率难免有差异，但绝不能以个人的好恶划分界限。

有的同事可能会因为能力突出，抓住机遇从而受到上司的青睐，成为大家眼中的红人；而有的同事可能会因为这样那样的原因在另一个角落里默默无闻地工作。作为一名员工，不要因为某些同事的一时得势而阿谀奉承，也不要因为某些同事的失意低落而对其冷嘲热讽。在一个单位，势利小人是最让人瞧不起的，也是最不受欢迎的，即便你的工作是优秀、成功的。

在工作中，没有高低贵贱之分，每个人都应该有一种平等意识。无论面对什么样的同事，都应建立起和谐的工作关系。在处理同事的关系中，最基本的出发点就是要平等地对待每一个人，不能厚此薄彼。

作为女性，我们说话、做事怎么样才能面面俱到呢？

1. 不要曲意逢迎比你位高权重的人

很多时候，当那些老同事、能力强的同事或者上司在场时，应该尊重他们，但不要过分献殷勤，这样会招来其他人的反感。

办公室里，总有那么一些闲人，他们"没权没势"，大家也好像把他们当空气，但你千万不要小看他们，也许他们才是老板真正的心腹，你的一举一动都被他们尽收眼底。他们也可能是真正的人才，只是没有表现出来而已。也许在你最需要帮助的时候，真正能帮得上忙的还是他们。

2. 不要在办公室交头接耳

工作之余，大家都会闲聊两句，在选择话题时，要尽量选择能照顾到集体感兴趣的，不要因为自己喜欢某个话题就一直说个不停。不要选择太偏的话题，最忌讳的就是和旁人贴耳小声私语，这在无形中就会冷落别人。即使你不喜欢某个人也不要说带有针对性的话语，让在场的其他人感到尴尬。

3. 多向老同事学习经验

来的时间长的同事，自然积累了更多的经验，聆听他们的见解，不仅可以让你从他们的成败得失里寻找到值得借鉴的地方，还可以避免以后在工作中走弯路，也会让他们感觉到你对他们的尊重。

对那些资历比你长，但其他方面比你弱一些的同事，更要以诚相待。如果能力很强，又自视清高，从不把有经验的老同事放在眼里，老同事就会很反感。

4. 多多指点新同事

刚来公司的新同事对手头的工作还不熟悉，虽然很想得到大家的指点，但是陌生的环境又会让他心生怯意，不好意思开口。在新人最需要帮助的时候，此时此刻伸出援助之手，一定会让他们铭记终生，从心眼里感谢你的帮忙，同时在以后的工作中，他们也会积极配合你。在新同事面前，不要自以为是，不把新同事放在眼里。

与同事共处，要亲切友善，对待同事应当一视同仁、不偏不倚。在同事中搞宗派、分圈子，或者过于偏向一部分人，虽有可能受到一些同事的青睐，但也可能由此引起另外一些同事的反感。这些庸俗的做法最终只会损害同事之间的关系。

 心理透视镜：职场的命运很大程度上取决于是否懂得与同事相处，如果你能做到让所有同事都心满意足，那么你一定能得到所有人的支持。

三、调整心态：与讨厌的同事也能合作

今天老板派给我的一位同事一个任务，要求她与另一位同事一起完成。她不动声色地应下后，回家对老公抱怨道："我可以和任何人合作，除了他，做事稀里糊涂，啰啰唆唆，婆婆妈妈！最主要的是，我要求的事情，他从来不合作。我几次被气得要吐血，现在还要我和他合作？"

老公听完她的抱怨，慢悠悠地说："你以为每个人都能像你老公这么优秀啊。"她听完老公的话，扑哧一声笑了。

人是独立的个体，有自己的性情和处事风格，当其他人的处事方法不符合自己的观点时，就会觉得"她（他）真讨厌"。讨厌别人也许并不是别人的错误，只有调整好自己的心态，和"讨厌"的人好好相处，你的职场生涯才会顺利。

人品好坏是决定人缘好坏的决定因素，但是，在职场交往中还必须掌握一些交际艺术。

1. 必须确立一个观念：和为贵

同事作为工作中的伙伴，难免有利益上的或其他方面的冲突，处理这些矛盾时，你第一个想到的解决方法应该是和解。同处一个屋檐下，抬头不见低头见，如果让任何一个人破坏了你的心情，说不定将来吃亏的是你，而不是别人。要想拥有和谐的同事关系，还必须记住一句话："君子之交淡如水"。

2. 必须学会尊重同事

在人际交往中，自己待人的态度往往决定了别人对自己的态度，因此若想获取他人的好感和尊重，必须首先尊重他人。每个人都有强烈的友爱和受尊敬的欲望。如果以平等的姿态与人沟通，对方就会觉得受到尊重，从而对你产生好感。因此，要谨记没有尊重就没有友谊。

第五章

女人不妨若即若离——与同事相处的心理策略

71

3. 必须自觉保守同事的秘密，不能让嘴巴给自己惹祸

我们知道有关同事的秘密，无非有两个渠道。一个是这个人亲自告诉你的，一个就是除了他亲自告诉你以外的一切途径。

如果是别人亲自告诉你的，那你一定要守口如瓶。别人这么信赖你，你怎么可以把别人的隐私随便散布出去呢？

如果是通过其他的途径，得知了这样的消息，那就让消息在你这里堵塞吧！让这些消息在你这里终止，散布通道在你这里彻底被截断。

4. 要尽量避免与同事产生矛盾

同事与你在一个单位中工作，彼此之间免不了会有各种鸡毛蒜皮的事情发生，各人的性格、脾气禀性、优点和缺点也暴露得比较明显。种种的不愉快交织在一起，便会引发各种矛盾。

不要因为过去的小意见而耿耿于怀。同事之间有了矛盾并不可怕，要采取主动的态度积极地去化解矛盾，这样同事之间就会和好如初，甚至比以前的关系更好。

5. 要学会与各种类型的同事打交道

每一个人，都有自己独特的生活方式与性格。在公司里，总有些人是不易打交道的，比如傲慢、死板、自尊心过强的人等。所以，你必须因人而异，采取不同的交际策略。

如果同事的年龄、资历比你老，你不要在事情正发生的时候与他对质，更好的办法是在你们双方都冷静下来后解决。

很多时候因为公事，我们不得不与自己不喜欢的人一起做事，毕竟是工作，无论如何看不顺眼也要顾全大局，把工作放在第一位。有些人在工作过程中不合作，处处设立障碍，这样做可能是一时之气，但最后吃亏的可能还是自己。

在与你不喜欢的人合作时，心里总有些小疙瘩，出现意见分歧的可能性也比较大。这时候我们对待问题时要客观分析，谁有道理就听谁的，对事不对人，不可采取无理取闹、鸡蛋里挑骨头的做法，这样的方式不仅无法改善关系，还会进一步恶化。

和谐的同事关系会让你和周围同事的工作和生活都变得更简单、更有效率。因为人际关系的和谐处理不仅仅是一种生存的需要，更是工作上、生活上的需要。

每个人都有优缺点，在与人交往的过程中，往往别人会发现你身上存在的问题，并加以指出。但是有的人只注意别人的缺点，经常数落别人的不是，明明是自己本身的问题也会把错误归咎于他人。

面对这样的事情，首先要自我检讨，尽量客观地看待问题。在看到别人身上的缺点时，同时也要检查自身是否存在问题，不要把自己的错误强加于别人，适当地作自我反省。同时要换位思考，站在对方的角度、立场看待问题。

心理透视镜：在职场中，首要先端正自己的态度，与同事交往要学会求同存异，不要妄图改变别人的想法，更不要采取不合作的态度。在尊重的基础上宽容对待对方的行为。

四、职场有小人：请注意！

我们部门有一位女同事最爱告黑状，前不久，与她一起竞选经理的刘女士有几天没来上班，她就对老板说刘女士赌博了几天，所以没法来上班。老板一听大怒，立即炒了刘女士的鱿鱼，然后她顺利当选经理。不久，我遇见刘女士，她气愤地骂老板没人味，原来，她怀孕流产，托那位同事给老板请几天病假，谁知竟被炒了。刘女士的话让我吃惊不小，更惊诧那位女同事的胆大妄说。

周末，毕业多年的老同学约好聚会，我提前向那位女同事请了半天假。中午，会计说我们上报的一组数据有误，她便推诿到我头上。我记得数据是她给的，当场拿出保存的草稿细看，果真是她的错。她顿时脸阴下来，抢过草稿，撕得粉碎，然后当场宣布：从今天开始，下班时间延长到 8 点，任何人不准以任何借口请假！说完扬长而去。

孔子说："天下唯女人和小人难养也，近之则不孙，远之则怨。""小人"多有利己损人之心，职场上的"小人"大多表现为打小报告、散布谣言、离间他人、贬低他人抬高自己等。任何职场都不可避免地遇上"小人"。职场中的"小人"常令人防不胜防。

职场中的女性们，无论在工作还是生活中，你可以保证自己做人做事光明磊落，但不能保证别人也是如此。对于那些行事诡诈之人，退避三舍才可明哲保身。

和"小人"办事讲究以下几个原则：

（1）与"小人"保持距离

信奉"宁与君子吵一架，不和小人说句话"的古训，对"小人"避之唯恐不及，那就错了。有意的过分疏远，会被心胸狭窄的"小人"当作你在与他树敌，或认为你很看不起他。这样，你就把自己放在了他的对立面。这时候无须违心地与"小人"套近乎，懂得"近之则不逊，远之则怨"的道理，保持一定的距离即可。

（2）小心说话

口蜜腹剑的"小人"很会笼络人心，你可不要被其加了糖的麻醉剂弄得放松了警惕。可以与"小人"聊一些无关痛痒的家长里短。但如果他发牢骚抱怨公司的种种弊端，或是议论别人的短长，即使与你心

中所思一拍即合，你也不能与之知音识曲，这时你最好把话题岔开。谨防日后这些话被他添油加醋地传出去，叫你解释不清，有苦难言。

（3）不要欠小人的人情，不要有利益瓜葛

小人是最斤斤计较利益得失的，你若欠了他们的人情，这笔债他迟早要讨回的。如果在你忙得不可开交时，"小人"主动提出要帮你接洽一个客户，你可不要随便接受这双援助之手。千万不要靠他们来获得利益，因为你一旦得到利益，他们必会要求相当的回报，甚至黏着你不放，想脱身都不可能。

（4）大度的吃些小亏

"小人"很会利用别人，你难免会被他们利用一两次。不要像受了很大伤害一样，气愤难平。大度一些，原谅他就好了。若你咽不下这口气，非要找个说法儿，从此与"小人"结了仇，肯定会遇到更狠毒的暗算。

（5）不得罪

一般来说，"小人"比"君子"敏感，心理也较为自卑，因此你不要在言语上刺激他们，也不要在利益上得罪他们，尤其不要为了"正义"而去揭发他们，那样只会害了你自己！

（6）小心失势的"小人"

小人被上司批评了，被降职了。遇到这等大快人心之事，你断不能将欣喜之情溢于言表。在失利时，"小人"的心理是最阴暗的。这种时刻，你最好对"小人"稍微热情一些，虚虚实实，让他感觉到你是个不势利的好人。

（7）近君子，远"小人"

当你升职以后，你可以有选择性地同一些同事、朋友们来往，做到近君子，远小人。这里所说的"小人"，是指在事业上不会对你有任何帮助，只是单纯的玩伴的那种同事。

避开小人必须在行为界限上把握好，要识别"小人"，摸清他的喜好和忌讳；言行周密，有备无患，小心提防；关键时刻要多一个心眼，不要上"小人"的大当。

心理透视镜：身处职场，我们要有防范之心。交往中遇到小人，不要让他们完全掌握你的秘密和底细，更不要为他们所利用。

五、懂得拒绝：别被大家当成"软柿子"

我的一个同事问另一个同事："晚上我们要去烤肉，要不要一块儿去？"其实她本来想晚上加班，赶一份明天要交的企划书，但又不好意思拒绝同事的邀请，所以想了想，最后有些勉强地说："好吧。"下了班，和几个同事先去吃饭；之后，大家又提议去 KTV，她很不想去，但又说不出不字，于是又跟着去了。

一晃眼已经十点了，大家又转去啤酒屋吃消夜，一直到半夜两三点才回家，她早已筋疲力尽，根本没力气赶企划书。于是第二天一早，对着老板却交不出成品，老板的脸色真是难看到了极点，她心中直恨自己，懊悔不已：

为什么我就是不会说"不"呢?

　　一个不会拒绝别人的人很容易被他人左右,一个没有任何主张的人有时会给自己带来危险。职场女性们要懂得拒绝。不懂得拒绝,就会把自己推入陷阱,"柿子专捡软的捏"。人也是这样,欺负和压榨别人也是专找"软柿子"。

　　对于同事、同学或朋友这些人的要求,不少人都有一个说不出"不"的心

理。当我们学会适时地对他人说"不"时,也就学会跟自己的快乐说"是"了。

　　答应别人时不要勉强自己。我们答应或帮助别人,要在时间允许和力所能及的范围之内,别人的请托、人情的压力,甚至同事的倾诉,都可能成为影响你工作的罪魁祸首。而你要做的,就是对这些不能帮助你生活、工作的事情说不!

　　或许有些人还未发现,他们"来者不拒"的心理,已经开始让自己的工作变得压力重重。拒绝看上去很残忍,很不近人情,但是接受就代表好吗?

　　勉强答应别人的事,因为勉强,不用心、不努力,往往事倍功半,或者更糟糕,最后弄得拜托这件事情的人很不愉快。一般情况下,我们在拒绝别人的时候要注意以下几点。

　　1. 积极地听

　　拒绝的话不要脱口而出,过分急躁地拒绝最易引起对方的反感,耐心地听完对方的话,并用心弄懂对方的理由和要求,让对方了解到自己的拒绝不是草率做出的,是在认真考虑之后才不得已而为之的。

　　2. 要明白地告诉对方你要考虑的时间

　　我们经常以"需要考虑考虑"为托词而不愿意当面拒绝请求,内心希望通过拖延时间使对方知难而退,这是错误的。如果不愿意,应该立刻当面拒绝,明确告知对方考虑的时间,表示自己的诚信。

3. 用抱歉语舒缓对方的情绪及抵抗

对于他人的请求，在你表示出无能为力，或迫于情势而不得不拒绝时，一定要加上"实在对不起"等字样，这样，便能不同程度地减轻对方因遭拒绝而受的打击，并舒缓对方的挫折感和对立情绪。

4. 应明白干脆地说出"不"字

明显不能办到的事，要明白地说"不"。模棱两可的说法使对方怀有希望，引发误解，当最终无法实现时，就会使对方觉得受到了欺骗。

5. 说明拒绝的理由

给"不"加上合情合理的注解，以使对方明白，自己的拒绝并非是毫无理由，也不只是出于借口，而是确有一些无可奈何的原因。最好具体地说出理由及原委，以请求对方的谅解。

6. 提出取代的办法

你的拒绝必定给请求者造成一些麻烦，影响他的计划的正常进程，甚至使他的计划搁浅。若你帮他提供一些其他的途径和办法，当然更能减轻对方的挫折感和对你的怨恨心理。

7. 对事不对人

一定要让对方知道你拒绝的是他的请求，而不是他本身。

8. 千万不可通过第三方加以拒绝

通过第三方拒绝，足以显示自己懦弱的心态，并且非常缺乏诚意。

心理透视镜：作为职场中人，我们的能力和精力是有限的，轻易承诺了自己无法兑现的诺言，势必会使自己陷入被动，给自己带来更多的苦恼。

六、同事有困难：不要袖手旁观

我的一位发小阿平是一个很热心的人，他总是帮助同事们做一些事情，大家戏称他为"及时雨"。有同事的客户来拜访，看到朋友正在忙，他就主动帮助泡茶招待，陪客人聊天。要是来了新同事，他会主动和对方说话，引导他们尽快熟悉新环境。看到同事情绪低落，他就很体谅地和对方多说话，想办法逗他高兴。同事们都认为他是一个值得信任的人。

有一次他的一位同事因为操作失误导致工作出现了很大的漏洞，急得都快要哭出来了，最后在他的协助下，事情得以解决，为公司挽回了很大的损失。

工作中，有一些女性人缘很好，在面对职场竞争时，她们往往能如鱼得水，利用自己的人际关系取胜。她们不仅工作能力强，也深得同事们的喜欢，她们的好人缘来自哪里呢？这是因为她们懂得用真情和关怀打动同事。女性天性善良，心思细腻、温柔，在同事遇到难以解决的问题时，她们能主动站出来帮对方一把。

女性天生是感性动物，她们渴望着别人的关怀与问候，但她们更善于用女性的柔情关心他人，获得他人的好感。其实我们也可以像她们一样拥有好人缘。

同事之间需要通力合作，才能把彼此的工作做好。身在职场，看到别的同事有困难时，应该主动去帮助解决，不要隔岸观火，袖手旁观。当你去帮助别人的时候，你就会从中学到许多，得到意想不到的收获。帮助别人本身就是帮助自己。

人生在世，谁都会遇到一些令自己烦恼的事情。在适当的时候给予相应的帮助，不仅为别人解围，也成就了自己的一番美意。职场中的女性大部分

时间都是用来工作的，与之相处最多的也是同事，同事之间相处的好坏直接决定着个人事业的发展。

同事是职业人生中的最大财富，同事关系在人们日常工作和生活中的地位日益重要。但凡工作就会关系到很多协作对象，因此，与同事建立起良好的人际关系，是其工作顺利进行的关键要素。

职场女性们，若想拥有好人缘，就需要真诚地关心同事，当同事有求于自己时，要主动地去帮助、关怀和体贴。同时对同事多些探望，多些陪伴，多些帮助。

帮助别人不一定是物质上的帮助，简单的举手之劳或关怀的话语，就能

让别人产生感动。如果你能做到帮助曾经伤害过自己的人，不但能显示出你的博大胸怀，而且还有助于"化敌为友"，为自己营造一个更为宽松的人际环境。

在帮助别人的过程中，积极健康的助人心态很重要。如果帮助人后，因为没有得到回报而心理不平衡，这对人际交往是很有害的。其实，你不用处心积虑地想要回报，回报自然会来。只有带着积极健康的心态去帮助同事，才能营造健康持久的融洽的人际关系。

我们在帮助别人的时候，还要做到恰到好处，关键要及时，雪中送炭当然比锦上添花要好。在帮助别人的时候，我们要观察当事人的意愿，不要做吃力不讨好的事。同时还要把握好一个度，不要让自己的好心在同事眼里变成了理所当然的事情，那样会加重自己的工作负担。

帮助人还要有自己的原则，对公司有危害的事情不要帮，同事自己犯了错误，因为有难处而央求你替他承担的事情不要做。

心理透视镜：身处职场，同事遇到了困难，你能伸出援助之手时，对方必定会有一种温暖、安全的感觉，这样容易形成一种友好、融洽的关系。

七、专心工作：远离办公室的"闲谈"话题

我的一位朋友大学毕业后到一家公司工作不到半年，就时常听到办公室里四位女人"八卦"的事件：听说昨天某领导因为很晚回家和老婆吵架了，今天又听说副总和漂亮的秘书双双休假了，明天可能是公关部的某位同事开始讲究打扮了，天天穿名牌，有来路不明的嫌疑……

而最近，在公司里被誉为"最八"的媚姐还经常对她亲近，经常问她"公司某部门某位男士是否有风度"，"公司里某同事好像看上×××了，他们配不配啊？"此外，其他几位女性也很有八卦的"天赋"。

与这样的人共处一室，她感到很纳闷，不跟她们在一起"八卦"吧，她们可能会说自己清高；与她们一起"八卦"吧，感觉很无聊，而自己会不会某一天也成为她们"八卦"的对象呢？为此，最近她烦透了。

第五章 女人不妨若即若离——与同事相处的心理策略

俗话说："三个女人一台戏"，办公室里女性多了，自然会产生不少八卦的话题。工作间歇，大家都爱找一些话题来放松一下。有一些女人就是以探听他人的隐私为乐趣。

在职场中，人与人之间的关系很复杂也很微妙，特别是在办公室这种场合，几个女人在一起就难免闲聊两句，有时说到某个人，还会牵扯出一大串别人家的私事。这种闲谈往往会被添油加醋地传到那个同事的耳朵里，这样你们的关系就会蒙上一层阴影。

办公室是个"八卦"集中营，人事部、销售部、行政部成为白领公认的三大"八卦源"，这三个部门最容易传出八卦消息。薪酬、业绩、人事等都是职场人所关注的，而这些在未确定之前是不能大白于天下的，于是，众多白领采取八卦路线，获取小道消息。

为了避嫌，有些话题最好不要提，大家可以围绕着新闻、影视作品聊天。那么哪些话题是绝对不能提的呢？

1. 薪水问题

同工不同酬是老板常用的手法，但是它也是把双刃剑，用好了，是奖优罚劣的一大法宝，用不好，就容易促发员工之间的矛盾。所以很多老板不喜欢职员之间打听薪水，因为同事之间工资往往有差别，发薪时老板有意单线联系，不公开数额。

如果你碰上有同事问你的薪水，最好早做打算，当他把话题往工资上引时，尽早打断他，说公司有纪律不谈薪水。或者用外交辞令冷处理："对不起，我不想谈这个问题。"有来无回一次，就不会有下次了。

2. 家庭财产之类的私人秘密

坦率是要分人和分事的，从来就没有不分原则的坦率。无论露富还是喊穷，在办公室里都显得做作，与其讨人嫌，不如知趣一点，不该说的话不说。有些快乐，分享的圈子越小越好。被人妒忌的滋味并不好，因为容易招人算计。

3. 私人生活

千万别聊私人问题，无论失恋还是热恋，别把情绪带到工作中来，更别把故事带进来。也不要议论公司里的是非短长。你以为议论别人没关系，用不了几个来回就能绕到你自己头上，引火烧身，那时再逃跑就显得被动了。

4. 野心勃勃的话

在办公室里大谈人生理想显然很滑稽，打工就安心打工，雄心壮志回去和家人、朋友说。野心人人都有，但是位子有限。你公开自己的进取心，就等于公开向公司里的同僚挑战。僧多粥少，树大招风，何苦被人处处提防。

如果办公室里爱聊"八卦"的人很多，那就要机智地应对。

① 保持镇定。切忌在"八卦"面前暴跳如雷，大吵大闹。谨记，"八卦"面前保持微笑，冷静对待。

② 寻求支持。单枪匹马笑对闲言流语，虽说显示了为人坦荡的一面，但毕竟会让自己陷入孤立无援的境地。主动出击，才是彻底战胜"八卦"之道。

 心理透视镜：在办公室里，要分清哪里是公共区域，哪里是个人空间。不要有事没事就去打听他人的事，更不要参与不实的问题讨论。

八、不在失意的同事面前谈论你的得意之事

我的一位同事约了几个朋友到自己家里聚会，主要目的是想借着热闹的气氛，让目前正处于低落状态的毛凯放松一点。

毛凯不久前因经营不力，没办法只得宣布破产，妻子也因为和他感情不和在闹离婚。他现在是内忧外患，不堪重负了。大多数人都知道毛凯目前的状况，因此都避免去触及与此有关的事。可是，其中一位朋友酒过三巡就开

聪明女人们必懂的1000个心理学常识（图解案例版）

始口不择言。加上做生意刚赚了一大笔，忍不住就开始大夸其谈他的捞钱经历和消费功夫，说到兴处还手舞足蹈，得意之情溢于言表，这让在场的人都感觉不舒服。

正处于失意中的毛凯更是面色难看，低头不语，一会儿去洗脸，一会儿去上厕所。最后实在听不下去了，就找了个借口提前离开了。他跟我那位同事生气地说："他再会赚钱也不必在我面前炫耀，这不是成心气我吗？"

诚然，人在得意之时难免有张扬的欲望。但是在谈论你的得意时，要注意场合和对象，你可以对你的员工谈，享受他们投给你的钦羡目光；也可以

对你的家人谈，让他们以你为荣，但是不能对失意的人谈，因为失意的人最脆弱，也最敏感。你无心的谈论在他听来可能充满了讽刺与嘲讽，让失意的人感受到你"瞧不起"他。

人一辈子难免会有失败的时候，面对别人的失意，不要落井下石，也不要讥笑嘲讽。适当的安慰，安静的倾听，不仅可以改善交谈的气氛，还会为你赢得他人的好感。所以，在失意人面前，我们也不妨使一使这样的"心计"。

无论在任何时候，都不要去炫耀你的得意，特别是在失意者面前，应尽量保持一颗平常心，对失意者多点同情和理解，只有如此，你的得意才能持久，你的朋友才会更多。

面对那些失意的人我们要做到以下几点。

1. 不炫耀自己的成功

人生得意须尽欢，如果你正得意，要你不谈论不太容易，但是谈论你的得意时要看场合和对象。

失意的人攻击性较小，郁郁寡欢是最普通的形态，但别以为他们只是如此。每个人都有虚荣心，每当自己取得一定成就或达到某个目标后，难免会产生一些优越或得意的心理，但千万不要在失意人面前表现出来，听了你的得意后，他们普遍会有一种怀恨的逆反心理！言者无意，听着有心，很可能因

你一句炫耀的话，就会在失意者心中埋下一颗炸弹，说不准什么时候定时爆炸。

2. 热心帮助失意的人

如果你的成绩让那些失意的人心里不舒服，你最好应该和他们保持一定距离。如果你想建立更好的友谊，那么你应该在背后帮助他们。这不仅仅包括安慰，还需要找到一些交流的技巧，委婉地指出他们存在的不足，帮助他们取得更大的进步，这样他们会对你心存感激的。

3. 关心失意的人

语言上的安慰对他们来说并不是有效的，甚至还会认为你是落井下石，有些心胸狭窄的人还会把安慰看作是变相的嘲讽和看笑话。不妨真正地去帮助他们解决问题。甚至可以有一些现金上的资助。物质上的救济，不能等到他开口，而应该主动给予，不要让他觉得没有尊严。对其雪中送炭，往往会让他永远对你心存感激。

切记在失意的人面前谈论得意，如果不知道某人正在失意也就算了，如果知道，绝对不要开口。得意时就少说话，而且态度要更加谦卑。

心理透视镜：泰山不让土壤，故能成其高；海洋不择细流，故能就其深。人生在世，不可能事事如意，面对失意的人时，应学会宽容。

第六章

CHAPTER 06

女人敢"专权"会"放权"
——驾驭下属的心理策略

上司进行工作，离开下属的支持是无法开展的。在现代社会，若想取得成功，单靠个人单枪匹马去拼搏，收效甚微，即便能力出众，也难以做好所有的事情。因此，作为上司，更应该相信并授权给下属，用人所长，避其所短，集众人智慧，获得集体的成功。

一、树威信：赏罚分明

我的表妹独立经营一家健身馆，她一向是个刚正不阿的领导，即使是男同事，都对这位女领导很佩服。单位的一批健身器材需要拉到维修部门去维修，而她的健身馆与维修部门之间有很远的距离。为了保险起见，我表妹让秘书小李跟着司机一起去，小李是个办事谨慎的年轻人。

没想到，卡车行至半路的时候，突然下起了雨，行人慌忙躲雨。交通一片混乱，车子正行驶在一个十字路口，暴雨加上混乱的交通，司机一个不留神撞上了一辆迎面行驶的小轿车。小李和司机赶紧去看车里的人，并及时打电话叫救护车。因为车速不快，人并没有什么大碍，小李也松了一口气。

回到公司，小李和那位司机已经做好了挨罚的准备，没想到我表妹却表扬了他们，"这次的事情是意外，当时的情况很混乱，你们能及时把人送到医院，才没有造成更大的后果。我们公司就要有做事负责的态度。晚上我请客，替你们压压惊。"

之后，大家对我表妹更是信服。

生活中，就是有这样气场很强的女上司，身材瘦弱，也很少对下属吆来喝去，却能让下属对她服服帖帖。作为一名职场领导，要想在下属心中树立自己的威信，从而调动下属工作的积极性，就须懂得赏罚之道。制定好切实可行的赏罚条例，使人人都能望赏而行，知罚而止。在实际操作中一切按条例行事，绝不掺和半点个人感情。该赏时决不吝惜，该罚时也毫不心慈手软。

古人在论述理政之道时，总是将赏与罚并提，《贞观政要》中写道"国家大事不过是赏罚而已"。

作为领导，既要管事又要管人，好的工作氛围，可以有效促进员工的工作积极性，提高整体工作效率，而赏罚分明则是创造好工作氛围的重要法宝。通过赏功、罚过可以激励先进人员再接再厉，激发广大干部职工工作积极性和主动性，营造履职尽责的良好氛围。

可是却有不少上司由于工作上缺乏严谨性，高兴起来就大谈奖罚，事后说了些什么全然不记得。说者无心，可听者有意，大家是会等待的。上司在言而无信的同时，在群众中的威信也一样在降低。下属不是在真空中进行工作，他们总是在不断地进行比较。

公平的奖惩机制能更好地激发下属的工作热情。具体来说，要做到以下几点。

1. 不赏私劳，不罚私怨

不因对私人利益有功而奖赏人，不因对自己有成见或彼此有隔阂而惩罚人。

2. 有功既赏

对按时按量完成既定目标的下属进行奖励，如果下属完成某个目标而受到奖励，那么他在今后就会更加努力地重复这种行为。

3. 奖罚要及时

识别人才，不能只看一时一事，根据某个人在某个时期某项工作中的一贯表现，决定对某个人的升降使用。论功行赏，论过处罚。

4. 变"罚"为"奖"

在团队中，当下属犯错误时，不只是惩罚，还可变惩罚为奖励，达到激励下属的目的，甚至可以达到单纯奖励所不能达到的效果。

5. 赏罚分明要拔能降庸

赏罚分明体现在职位的安排上，要拔能降庸。对一个人的赏罚要进行多方面的考虑。奖惩公正合理，下属才会努力工作。

每个员工的心中都怀有渴望被他人褒奖或认可的心理，褒奖或斥责可以引导他们不断进取。赏罚分明是一个上司树立威信的心理策略，让对方信服，这样他们就会自然而然地去支持你，这就是威信。

心理透视镜：赏与不赏，罚或不罚，都需要上司用心去斟酌，做到公平、适度，否则容易弄巧成拙。

二、南风法则：以情动人好过以钱动人

在 奥克兰市中心的繁华街道上坐落着一家很有特色的马来西亚餐馆。经营这家餐馆的老板夫妇来自马来西亚，老板娘叫安迪。

老板是大厨师并兼管厨房的一切大小事务，而老板娘则全面管理楼面的服务工作。我每天上午10点半到下午2点半在这家餐馆做兼职侍应生。

安迪是一个非常随和且侃侃而谈的小妇人，没有老板娘的架子，有时候更像一个大姐姐，在我洗刷玻璃门窗和布置餐桌时，她会一边工作一边跟我闲聊，脸上总是挂着温和的笑容。还常常夸奖我半工半读、勤奋好学，让我心里乐不可支，工作也就更加勤快。当有客人进来就餐时，老板娘总是满脸笑容地迎接着每一位来宾，让他们怀着希望而来，带着满意而去。

在忙碌的接待之中，我难免会忘了这个漏了那个，老板娘从不当众责备或者谩骂，而是默默地为我收拾残局。事后，她才耐心地为我指点迷津，教我如何待人接物。

有时候，我会不小心拿错了菜单，木讷的老板虽然从不骂出口，但是会黑着脸用眼睛瞪着我，这时安迪便会在旁边打圆场。安迪让我感到了被理解和被尊重。

北风和南风比威力，看谁能把行人身上的大衣脱掉。北风首先来一个冷风凛冽，寒冷刺骨，结果行人为了抵御北风的侵袭，便把大衣裹得紧紧的。南风则徐徐吹动，顿时风和日丽，行人便觉得春暖上身，始而解开纽扣，继而脱掉大衣，南风获得了胜利。

"南风"法则也叫作"温暖"法则，它来源于法国作家拉·封丹写的这则寓言。它告诉我们：温暖胜于严寒。

运用到管理实践中，南风法则要求管理者要尊重和关心下属，时刻以下属为本，多点"人情味"，多注意解决下属日常生活中的实际困难，使下属真

正感受到管理者给予的温暖。这样，下属出于感激就会更加努力、积极地为企业工作，维护企业利益。任何一个公司只有人性化，才能给员工温暖，才能让员工更好地做事。

凡是能取得下属信任的领导，都有能让下属内心欣然接受的方法，这个方法就是以情动人。即使他们的工作有压力，但更有动力、更有希望。这样，下属在工作中便会充满快乐感、幸福感和愉悦感。

得人心者得天下！只有得到人心才能得到胜利，不管是公司、机关还是单位，都是如此，任何一个人都不是独立的，任何一个人的能力都是有限的，只有合理地利用一切可以利用的资源才能够取得更大的成功。

"感人心者，可先乎情。"企业在对待员工时，要多点"人情味"，实行温情管理。企业领导要尊重员工、关心员工和信任员工，以员工为本，多点"人情味"，少点官架子，尽力解决员工工作、生活中的实际困难，使员工真正感觉到领导者给予的温暖，从而激发他们工作的积极性。

"人非草木，孰能无情"，企业实行温情管理，处处关心员工，事事尊重员工，员工就会在工作中感到舒适和温馨，就会"投之以桃，报之以李"，以饱满的工作热情，充沛的工作精力，充分发挥自己的聪明才智，为企业做出更大的贡献。

人类最高层次的需求就是得到爱和尊重，人人都希望得到他人的肯定与欣赏，得到社会积极与肯定的评价。温情管理正好能够满足员工的情感需要，培养员工对企业的深厚感情。还能够激发员工的工作热情和聪明才智，增加员工对公司的忠诚度。

作为领导，要更多地看到下属的长处、优势和贡献，经常把表扬当作一朵鲜花奉献给下属，"用人之长，避人之短"，不失时机地予以肯定和表扬，带着善意之召、感激之情对待下属，他们会因此而精神振奋，努力做出更大的成绩来回报领导的认可和鼓励。这种上下级之间的良性互动，会为事业发展增添无穷无尽的力量。

心理透视镜：被人关心、尊重是每个人的心理需求，获得领导无微不至的关心和关怀的下属，一定会心生感激，始终追随她（他）。

三、会放权：多给下属表现的机会

周末，终于可以休息了，离开令人窒息的办公室，我和闺蜜约定去逛商场。两人相约在一家咖啡馆见面。

"最近怎么样？"闺蜜问道。

"太累了！以前做小职员的时候觉得当领导很轻松，现在当了主管，没想到事情反而更多了，什么事情都要我处理。"我顶着一双熊猫眼说道。

"我看你啊，就是操心的命。很多事你可以交给下属啊，干嘛弄得自己那么累。"看着我憔悴的脸，闺蜜心疼地说。

"怎么做呢？"我问道。

"如果你是下属，你的上司什么都不让你干，做事的时候还总是不放心，你会不会想领导不相信你的能力呢？"闺蜜不以为然地说，"还有啊，你把自己累得半死，别人不一定领情，吃力不讨好。你看人家大领导，哪有你这样的，没事就去打高尔夫球了。"

"为什么啊？"我睁大了眼睛。

"因为他们懂得放权啊，相信下属的能力，信任下属的表现，锻炼下属的独立办事能力。"闺蜜言简意赅地点出了其中的奥妙。

我回去后仔细回味着闺蜜今天说的话，觉得是时候调整一下自己的管理方式了。

现代社会，任何一个身处职场的人都知道人性化管理的重要性。领导组给予下属一些权力，让下属在工作中充分发挥主人翁精神，激发员工的责任意识，提高生产率和工作质量。

上司集权于一身，不仅会束缚下属的能力发挥，也会让自己分身乏术，疲于应付，导致工作效率下降。适当放权，授予下属一定权力，不仅能分担自己的工作，还能让下属的能力得到发挥，使他们产生自豪感。一个管理者要学会放下，放下一些不必要的担忧，放下没有自己不行的想法，给下属表现和升职加薪的机会。

聪明的上司，总是给下属提供自由的工作环境和广阔的施展空间。把任务交给下属以后，就不再去干涉他们。在恰当的时候他们会与下属一起商讨最佳的解决问题的方案、最优的做好工作的方法，但是他们却让下属自己去决定该如何处理交给他们的事情。

聪明的职场女性们，如果你是一位女上司，就应该学会管理下属的心理策略，使自己从繁忙的事务中跳出来，给自己一些空间去享受生活。

授权不是简单地委派任务，要将下属的能力及期望考虑进去。"用人不疑，疑人不用"，把工作放心地交给下属，激发下属的主动性、积极性和创造性。

那么怎样才是合适的放权呢？

（1）明确放权

在统揽大局的基础上，适当下放具体事宜的权力，坚持放权留责。切记放权过多，导致权力失控，弄巧成拙。

（2）把握内容

放权要坚持原则，谨慎行事，不能把核心机密或者是有可能损害国家和部门利益的权力随便下放；更不能无原则地授权下属做违规违纪的事情，否则就会害人害己，造成无可挽回的损失。

同时，放权要灵活，要做到在不违背原则的基础上，敢于最大限度给予下属发挥的空间和自由。明确对象，用人不疑，疑人不用。

（3）要在忠诚、可靠的基础上充分信任下属

对能力强、经验丰富的下属可以多放一点权力，对能力欠缺的下属就一定要谨慎，对有才无德的下属则坚决不能放权，谨防造成重大损失。

任何一个聪明的领导，都会下放一些权力，"该放手时就放手"。不懂得放权的领导只会扼杀自己取得更大业绩的潜力和可能性。

心理透视镜：作为一名上司，不要总是试图掌握一切，放一些权力给你的下属，他们同样需要一个表现和成长的机会。

四、批评下属："三明治批评法"更深入人心

美国玫琳凯化妆品公司的创办人兼董事长玛丽·凯被人们称为"美国企业界最成功的人士之一。"玛丽·凯一直严格地遵循着这样一个基本原则：无论批评员工什么事情，必须找出一点值得表扬的事情留在批评之前和批评之后说，而绝不可只批评不表扬。

玛丽·凯说："批评应对事不对人。在批评员工前，首先要设法表扬一番；在批评后，再设法表扬一番。总之，应力争用一种友好的气氛开始和结束谈话。"

有一次，她的一名女秘书调离别处，接任的是一位刚刚毕业的女大学生。新来的女大学生打字总是不注意标点符号，令玛丽·凯很苦恼。有一天，玛丽·凯对她说："你今天穿了这样一套漂亮的衣服，更显示了你的美丽、大方。"

那位女秘书突然听到老板对她的称赞，受宠若惊。玛丽·凯于是接着说："尤其是你这排纽扣，点缀得恰到好处。所以我要告诉你，文章中的标点符号，就如同衣服上的扣子一样，注意了它的作用，文章才会易懂并条理清楚。你很聪明，相信你以后一定会更加注意这方面的！"

从那以后，那个女孩做事明显地变得有条理了，也不再那么马虎，一个月后，她的工作基本上能令玛丽·凯满意了。

批评是一件十分难为情的事，无论是批评者还是被批评者都会感到十分尴尬。批评的真正的目的是让对方纠正错误，而不是伤害对方。如何让下属知道错误，又照顾到他的自尊，就显示了你的领导艺术。直接把对方臭骂一顿，效果肯定不好。这时候不妨采用"三明治批评法"，三明治效应，让批评变得可口。

批评某个员工的目的，并不是要打击他，而是要他进步。如果他受到批评就一蹶不振，这证明批评的方法和技巧不到位，这样的批评就不会有效果。冷言冷语不会使下属更好地工作，那么就把话讲得软一些，下属听在耳里受用，自然愿意为你所用。

批评本身不是一件愉快的事情，批评下属时，领导应该注意自己的态度。那么如何使用"三明治批评法"呢？

（1）在提出批评之前，先对下属表示肯定

适时地提出批评，让他理智地思考自己的过错，而不是陷入情绪的对抗当中，最后再次给予肯定和表扬。

（2）不要伤害下属的自尊

批评下属要把握一个核心，就是不要损害下属的面子，不要伤害他的自尊心。领导在批评下属时要学会控制情绪，不要破口大骂。

（3）友好的结束批评

没有人喜欢被否定，批评不当很容易让对方感到压力，对他造成心理负担。为了避免下属对你产生对抗情绪，你可以在批评结束时，以友好的态度表明你的期望。

（4）选择适当的场合

批评不是随时随地都可以的，而是需要讲究合适的时间、地点。下属也是有自尊心的，公共场合的批评会让下属下不来台。批评下属的时候最好选择单独的场合，尽量没有第三者在场。

心理透视镜：作为领导者，在批评下属时，不能将下属"一棍子打死"。顾全被批评者的自尊心，是一种很好的办法。

五、"激将法"：让下属全力以赴

我有一位朋友杨云是一家公司的市场部开发经理，最近，她接到一个任务——开发郊区的某片市场。她明白，这是一项艰巨的任务。如果不全力以赴地把精力投入到当地居民的生活中，是无法做到的。于是她找来下属张冲，张冲是个很有潜力的年轻人，执行力强，不怕吃苦，有毅力。

她开门见山地对张冲说："这不是一件容易的事，这也正是我找你来的原因。"

看到张冲犹豫的表情，她接着说："我知道，这有难度，如果你觉得有困难的话，我就再去找找李明吧。"她知道张冲和李明两个人在暗中较劲。

听到李明的名字，张冲立即说道："经理，我肯定完成任务。"她的目的达到了。张冲不负众望，三个月后，他带着优秀的业绩回到公司。

激将法，就是利用别人的自尊心和逆反心理积极的一面，以"刺激"的方式激起不服输情绪，将其潜能发挥出来，从而得到不同寻常的说服效果。

"树怕剥皮，人怕激气。"每个人都有挑战自己潜力的渴望，都有不服输的心理。越是被否定，越要证明自己。聪明的职场女性们，对待有才气又傲慢的下属，不妨试试激将法。

激将法是一种很有力的口才技巧，在使用时要看清楚对象、环境及条件，不能滥用。那么怎样对下属运用激将法呢？

对下属巧言激将，要根据不同的对象，采用不同的方式，同时还要掌握分寸，过急，欲速则不达；过缓，则对方无动于衷，无法激起对方的自尊心，达不到目的。运用这一心理策略，要注意以下几个方面。

（一）看对象

了解下属的弱点，逆反心理对他来说是否能起到作用。被激的对方必须是那种能激起来的人，比如对于那些爱表现的下属，就可以说："我知道你的能力有限……"使用此方法，对方就会答应你的请求。另外，激将法通常对陌生人是不宜采用的。

（二）看时机

时机未到，"反话"容易使人泄气。

（三）注意分寸

激将法用的是"带刺"的语言，但过于尖刻的语言容易引起下属的反感。所以，出发点要正确，应体现出对下属的尊重、信任和爱护。运用激将法要注意语言的分寸和感情色彩，要把褒贬、抑扬有机地结合起来。

心理透视镜：激将法是一种有力的心理技巧，既可用于己，也可用于友，还可用于敌。巧用激将法，软硬兼施，直指人心。

六、下达指令要准确：下属才能看到鲜明的目标

我的邻居王红是一家销售公司的经理，工作很忙。但她认为自己还算是个合格的领导。这一天，她又加班了。临走时，却发现新来的实习生楚楚座位上的灯还亮着。她心想"实习生真是的，忘记关灯了"。正当她要走过去关灯的时候，意外地听到了两个人的对话。

"楚楚还不走吗？"听上去好像是李晨的声音。

"哎，这一份报告我已经改了三次了，不知道经理能不能满意。"楚楚无奈地说道。

她想起来今天让楚楚改报告的事。

"报告不知道怎么改，经理每次说的都不一样。"楚楚沮丧地说，"第一次经理说'把每天的业务电话都记下来'，我就记下了所有的电话和内容，结果经理说'不用这么详细，只记下有成交结果的电话就好了。'所以我就记录了成交的结果，经理却说'这样太简单啦，不能只写结果，还要有互动的内容。'所以我不知道怎么办了。"

她发现原来在下达指令方面自己做的并不称职。

作为一个领导，如何明确地下达指令非常重要，在你作出要求之前，一定要清楚自己想要的是什么，要达到什么样的结果，以什么样的形式来体现，核心要点是什么。而作为下属，要准确领会上司的意思，即便上司没有准确授权，也要清楚上司背后到底想要什么，要进一步理解上司的意思。

作为一个上司，下达指令是最平常不过的事情，原以为就是一个发号施令的事儿。但是"发号施令"却不是一件简单的事情，清晰、准确地发出指

令，真正做到令行禁止，一个上司，如果连让下属做什么都说不清，那显然是不合格的。

职场中，有些上司似乎很喜欢下达模糊性的指令，比如他们常说："公司的目标就是希望你们干得更好些，把公司的销售业绩提上去。"话说得不明不白。作为下属也不敢多问，只好去猜领导的心思，然后一头雾水地去执行。结果是南辕北辙，不仅白白浪费了时间，还制造了很多误会。领导认为下属办事不力、工作能力差，作为下属又敢怒而不敢言。

那么如何下达准确的指令，让下属有效地完成工作呢？

（1）精确下达你的指示

当你要下属做某件事时，要确定你已经清楚地传达了你的指示：究竟你要他做什么？怎么去做，花费多长时间，和谁联络，为什么要这么做，经费若干等都应一一交代清楚。

（2）精确下达指示的先决条件是必须弄清楚你的企图

如果你都不清楚自己要做什么，却要求下属完成任务，无异于缘木求鱼。如果你能精确交代指示，下属才能向着正确方向全力以赴。

（3）交代任务时绝不可含乎其辞，要大声而清楚，平静而稳定

明明白白告诉下属干什么，这是下达指令的起码要求。这或许是老生常谈，但设身处地想想，如果你的上司交代一件不清楚的任务给你，你心中有何感想？

领导不管大小，指令少不了，正确下达指令是优质完成某项任务的基础，一纸任命只表明你担任领导，并不是说你就是好领导。

心理透视镜：一名优秀的领导者，要允许下属质疑，要听得进下属的不同意见，及时修正自己的指令。

第六章 女人敢『专权』会『放权』——驾驭下属的心理策略

七、莫争功、不避责

我的一位学姐是一家地产集团的运营经理。前不久，她和大家一起完成了一个重大的项目。这个项目对地产公司而言至关重要，所以在领导来视察的时候，她决定自己亲自陪同并做解说。下属们对此议论纷纷，认为她必定只为自己请功，而不顾他人的努力。

不久，在公司召开的大会上，对她提出了表扬，并且还表彰了这一整个团队，不久又给他们发了奖金。她自己并没有"独吞"这笔款，而是公平地分给了大家，结果如此的出人意料。从这之后，大家都对她非常信服。连一些对她不服气的老员工都对她竖起了大拇指。

当今社会，很多事情仅靠一人之力很难取得成功，任何工作，都需要彼此间的合作。协作是成功的关键。

身在职场的女性领导们，要懂得一个优秀的领导，必然是全心全意为人民服务，真心诚意对待下属的。人心齐、泰山移，不与下属争功的领导，能最大限度地发挥下属的积极性，让其全力以赴帮助领导共同完成任务。

如果你没有意识到这一点，长期居功自傲，甚至独揽功劳，时间一长，下属心里肯定会不舒服。尤其是那些有能力的下属，他们也许就不再积极地配合你的工作。无数经验和教训说明，凡事喜欢争功的人都不会受到同事的欢迎，结果就是使自己陷入孤立无援的境地。

在不争功的同时，还要做到不避责。怎样做到不争功、不避责呢？

（一）把功劳让给下属，给下属机会获得成长

身为上司，你有必要将自己的功劳让给下属，甚至是本属于自己的那份功劳。或许你会不大愿意。可是如果你这么做了，下属怎么会不全心全意地替你工作呢？

当你将功劳让给下属时，切勿要求下属报恩，或者摆出威风凛凛的态度。

如果下属因此而闹别扭、发脾气，甚至感到自尊心受损。如此一来，反而得不偿失。

（二）获得荣耀时不要自我膨胀

人在有了一定的成绩时就往往会自我膨胀，表现为偶有小成就，就扬扬自得，充满全能感。作为职场领导，你的扬扬自得可能需要下属忍受你的骄傲和气焰。如此一来，他们就会在工作中有意无意地抵制你。所以，有了荣耀，要更加谦卑。

（三）不推脱责任，让下属心生感激

作为上司，下属在工作中难免会出现问题，但你也有监督不力的责任。有时，在必要的时候，领导也可以把过错一个人揽下来。这时候，你会获得下属的感激。

聪明的上司，知道下属的人心对自己职业生涯的重要性。不与下属争功，不避责任，让下属感受到你的威严和人格魅力，他们就会心甘情愿地支持你、拥护你。

 心理透视镜：不争功、不避责的领导是智慧的，表彰时他们甘居幕后，有问题时他们主动担责，他们最擅长的就是在不动声色中收买人心。

八、不要给下属开"空头支票"

我认识一个名叫周岩的个体户，自己经营了一家服装公司。虽然公司不大，但她却很有志向。她希望自己的公司做到国际市场上。为此，她经常要求下属加班。加班时，她会鼓励她的下属："好好干，这个月的业绩要是突破了，我就带你们去三亚！"听到这样的好消息，大家干劲十足。月底，在大家的努力下，业绩超额完成。说好的旅游变得遥遥无期。

这时候抠门的周岩说："不要净想着玩，赶紧干活，挣奖金！"随着时间的积累，她给大家开的"支票"一张也没有兑现，成了"空头支票"。

慢慢地大家都不再信任周岩，公司渐渐地留不住人了，面临倒闭的危险。

在工作中，给下属奖励是一种激励，这种激励有很多种方式，如加薪、

奖金、升职、福利等。身处职场，作为领导要知道，言必行，行必果。不要给下属乱开空头支票，尤其是待遇、福利、休假等方面的，无法实现的更不能随便答应。

作为上司，你可能认为即使开了空头支票下属也不敢做违背你意愿的事，但是"水能载舟亦能覆舟"，如果你的下属对你失去了信任，他们可能就不会再积极地配合你，如此一来工作就无法开展。做人要言而有信，要令人信服，领导自身要做好榜样。领导不守信用，下属也会有样学样。

尊重承诺等于建立了个人信誉，这是一个人的品牌效应。作为领导，要想避免给下属乱开空头支票，要注意以下几方面。

（1）注意形象

在公共场合或下属面前，应该注意自己的形象。不要喜形于色，不要因为事业进展顺利，就随便脱口而出喊出承诺。

（2）理智表达

下属有时候会调皮，话赶话，就把你给逗出承诺了。比如，我们提前完成任务，您是不是给我们发奖金？越是这样越要冷静。

（3）补填支票

乱开出空头支票不要紧，就要给予兑现。尽管过了兑现的时间，只要兑现了，下属是会体谅的，更会认为主管思想境界不一般，有助于树立威信。

（4）故意开票

作为领导，下属努力工作，为一个目标努力拼搏，你得给他们希望和鼓励。故意开张支票也是必要的，比如分红、旅游等，起激励作用，但开出必须兑现。

（5）下属填票

有时候，并没有开出支票。下属却努力工作，提前完成了今年指标，作为领导，如果主动提出让下属填票，那么肯定给下属莫大鼓励，如上 KTV、烧烤等。

下属心中总有期望值，你得给他们目标和梦想。开出支票是引诱他们不断前行的必要条件。目标达到了，你的支票却是一张废票。换谁都不高兴，如果你这样做了，不仅丢失了诚信，更是丢失了人品。

　　一个优秀的管理人员，暂时无法满足下属的请求时，会圆通而果断地说"不"。即使你一再强调你承诺的事要视将来情况决定，可是等到业绩有了转机时，下属仍会将它看作是承诺。因此，在拒绝时尽量不要开空头支票，徒然增加双方的麻烦。

 心理透视镜：一旦你无法做到时，就会给下属留下一个放空炮的现象，还会让你的下属感到寒心，没有威信的领导是很难作出成绩的。

九、从下属的座位位置来判断他的工作热情

　　会议室里，小组成员围坐在长方形的会议桌前，大家都是随便找位子坐。可是同事严华和玲玲总是坐在同一个位置上，严华总是坐在长方形会议桌某一侧的中间，而玲玲总是坐在离组长最远的地方。

　　职场女性们都会经历开会，每次开会，大家都有倾向的座位，这些座位反映了她们怎样的心理呢？

　　（1）选择后排座位

　　选择靠后的座位，美其名曰"明哲保身"，实则"胸无大志"。很多人认为这个位置很低调，却没有想到前面的同事可能会挡住自己，从而使自己处于被动地位。领导怎能发掘那些自甘隐蔽的人呢？低调并非在任何时候都是明哲保身的法则。

　　（2）选择第一排靠右座位

　　选择这个位置的人，一般是属于谨慎中庸型的，落脚在老板的对角线，便于观察"形势"。他们一方面善于处理与上司之间的关系，一方面自身又有理想、有抱负。

　　这个位置能清楚地听到上司的发言，便于表达自己的观点、意见，还可以引起上司的注意，或许还有利于今后的晋升……不过，要准备一本正规的笔记本才好。

（3）选择第一排正中间的座位

选择第一排中间座位的人往往是团队中的润滑剂。这个座位可以很好地实现与其他同事的互动，发言的时候也可以看清每个人的表情，这才是真正纵观全局的位置。

（4）选择领导左手边的第二个座位

这个座位比较受女性上司的青睐，这里既能向大家展示她的能力，又不会显得很专制。而这个座位，还能更好地集中精神、纵览全体，那些开会不认真、喜欢提前开溜、迟到的下属可要当心喽。

（5）第一排斜对着领导的座位

坐在此处的往往是业务知识最丰富的人，他们努力工作，但一点也不骄傲自大，他们不愿意引人注目，却关心实事，是不容小觑的实干家。

一脸倦态，还打着呵欠，有时候看来没有礼貌的小细节正是工作绩效的绝佳表现。如果领导看到，想必也会关心地问昨晚是否加班到很晚？

（6）领导身边的位置才是提升自己的最佳位置

领导身旁的座位似乎是不可逾越的"雷区"，即便是业绩出众、深受领导喜爱的人也很少光顾。

其实，这可能是个极好的锻炼机会，说不定趁此就让领导看到了自己闪光的一面，从此大放光芒。很多时候，会议上的紧张气氛都是自己制造出来的，因此，去坐领导身旁的空位，没什么不好。

每个人内心和身体周围都有一个舒适区域，在这个区域内是很自我的，不愿意被打扰，不愿意被强迫，不愿意和陌生的面孔交谈，不愿意被人指责，完全把自己封闭在自我的空间内。私人生活中保留这份舒适区域无可厚非，而在公司组织生活中，尤其是会议中，执着地固守这片舒适区域，则是大忌。

与人并肩而坐，促膝长谈，是取得他人信任，获取对方合作的好方法。从对方们落座的位置中，完全能够预先探知他们对工作的态度。

心理透视镜：当需要大家集思广益、自由发挥想象力的时候，适合使用圆形会议桌。圆形会议桌没有主次之分，大家都处于平等的地位，让人敢于发表自己的意见。

第七章
CHAPTER 07

破译心理密码
——快速提高社交能力

现在女性也走出家门参与社交，善于社交的女性会赢得社交的主动权，但是有些不善交际的职场女性会有一种困惑，初次见面，却遭遇不知从何谈起的尴尬场面。那么如何打破尴尬，避免冷场呢？这就需要掌握一些破译心理密码的方法。我们应采用不同的社交方式拉近彼此之间的距离，进而消除生疏感。

一、独特的自我介绍令人印象深刻

我的妹妹是一名即将毕业的大学生，她来到一家知名的出版公司面试。同她一起进入复试的还有另外两名女孩。面试首先从自我介绍开始。轮到她自我介绍时，她发现面试官对自己似乎并没有很大的兴趣。但是这个机会非常难得，于是她鼓起勇气对面试官说："我可不可以谈一下我对编辑工作的理解？"这句话引起了面试官的兴趣，他很想听听面前这个未毕业大学生是怎样看待编辑工作的，"那么在你看来，编辑最重要的是什么？"

她说："我认为编辑不仅仅是选稿子、改稿子，更重要的是对某件事的敏感程度，尤其是对政治的敏感度……"面试官不由地点了点头。

与她的自我介绍相比，其他两名女孩的自我介绍就显得单薄。很显然，她从她们之中脱颖而出，获得这家公司的 Offer。

在社交活动中，想要结识某个人而又无人引见，此时最直接的方法就是自我介绍。一个出彩的自我介绍可以迅速给对方留下美好的印象，架起沟通的桥梁。这时候如果我们懂得如何抓住对方的心理，用一番别开生面的语言，就可以吸引他的眼球，打动他的内心。

"每个女人都是为爱而折翼的天使，她们来到人间，就再也回不去天堂了，所以需要男人好好珍惜。我也是天使，不过降落时不小心脸先着地，回不去天堂是因为体重的原因。不过，还好我有一颗天使的心，善良、仁爱。"人们在捧腹大笑时就不知不觉地就记住了她。

生活是人与人之间的交往，任何人都不能脱离别人而独立生活。那么在生活中我们怎样做才能给别人留下好印象呢？

（1）停下手里的事情

见到别人的时候，首先停下自己手里的事情，面对他。不要一边做事情，一边和别人说话，也不要一边玩手机，一边听别人说话，这样很不礼貌。

（2）与别人保持统一

如果别人站着，你坐着，就站起来和别人握手或者交谈，然后邀请对方同坐，表示尊重。如果别人坐着，你站着，稍微站定，等对方来和你沟通。

（3）眼睛直视对方，身体面对对方，然后自我介绍

坐下后尽量不要太随意，不要有跷二郎腿的现象发生。

（4）介绍自己的亮点

自我介绍尽管只是简短的一两句话，但是吸引别人的就是你自己的亮点，适当地让自己有些表现。

（5）态度谦和

对于交谈中的人来说，最重要的不一定是内容，而是你的态度和说话的语气，如果对别人的态度比较好，不卑不亢而且为人比较低调，这样就比较容易给人留下好印象。第一次聊天的时候可以说些有趣的事情，但不要涉及个人的隐私或者个人问题。

心理透视镜：自我介绍是一门学问，把每一句话说到对方的心里去，展现你的社交魅力，这样就达到了攻克"陌生人心理壁垒"的目的。

二、为他人的名字做一个特殊的解释

我的一位朋友赵鑫大学毕业后在一家化妆品公司做销售。她销售的是高档化妆品，销售对象都是一些高级白领。

在拜访客户之前，她都会看一下客户的资料。她注意到一个"黄轴御"的名字。好特别的名字！看客户备注资料时候发现，这个客户并没有买过她所销售的产品。于是，她决定去碰碰运气。

于是，她带着自己的产品来见这位潜在的客户。刚寒暄两句，对方就表示自己要忙。于是她说："我看您很忙，今天就不打扰您了，您能不能给我签

个字，说明我拜访过您，我回去好交差。"

听到她这么说，对方也就答应了。在她的客户拜访名单上签下了"黄轴御"三个字。赵鑫抓住机会说："咦，这个名字好特别啊，这不就是'皇后'的意思吗？"

对方似乎很疑惑却又很感兴趣。赵鑫接着说："'黄'指'皇帝'，又是古代皇家御用的颜色，'轴'的意思是'枢要的地位'，加上'御'就更说明了这一点。您的父母对您抱有很大的期望啊。"

听完赵鑫的话，对方露出了满意的笑容，她从来不知道自己的名字有如此重要的含义，也从来没有人重视过她的这个名字。她对赵鑫说："你刚才介绍的产品叫什么？"赵鑫知道自己的目的达到了。

生活中，我们每个人都有自己的名字，名字在很大程度上是一个人的标志和象征。与人初次见面，如果你能说出对方的名字并进行一番剖析，然后给出一个特殊的解释，这样更能拉近彼此之间的距离。因为这满足了对方渴望被人重视的心理。

我们每个人都希望自己受到别人的重视，重视自己的名字就如同看重我们本人一样。在生活中，如果别人对我们的名字产生兴趣，那么我们就会感受到别人对自己的重视。

职场女性，在初次见面时，如何才能让别人感觉你重视他呢？

（1）记住他人的名字

安德鲁·卡耐基说过："一个人的姓名是他自己最熟悉、最甜美、最妙不可言的声音，在交际中最明显、最简单、最重要、最能得到好感的方法就是记住人家的名字。"

在人际交往中，记住他人的名字是对他最大的尊重。如果你能够把只见过一次的人的名字记住，并在下次见面时准确地叫出来，这对于对方来说，是一个惊喜，更是一种满足。从而对你产生好感和信任，并乐于与你交往。

聪明女人们必懂的1000个心理学常识（图解案例版）

第七章 破译心理密码——快速提高社交能力

从某种程度上来说名字只是一个符号，但对于每一个人来说，名字是非常值得重视的东西。对一个连自己的名字都记不住的人，恐怕很少有人愿意与他交往，因为他根本就没有给予别人足够的重视。名字是一个人在这个世界上独一无二的标志，很多时候名字可以代表整个人，代表他的思想和情感。记住他人的名字，是对一个人重视和尊重的表现，会给人心理上带来最体贴的安慰。

职场女性们，若想要拥有良好的人际关系，不妨就从记住别人的名字开始吧。

（2）对他人的名字做一个特殊的解释

解释他人的名字，需要考验我们对文字的熟悉和掌控能力。具体方法有拆字、联想、引申、谐音等方式。

心理透视镜：我们每个人都有自己的名字，适当地围绕对方的姓名来称道对方，可以说是一种好的社交方式。

三、人际交往往往是从"废话"开始的

我认识一位健康推广员，名叫婷婷，根据资料，她来到某个小区，敲开了一位客户的门。开门的是个阿姨，婷婷看到阿姨手里还拿着要择的韭菜。婷婷顺口就问了一句："阿姨，这韭菜多少钱一斤啊？"

"两块七一斤，哎，又涨了。我这点退休金，都不够吃饭的了。"阿姨诚恳地说。

"阿姨，您自己做饭就这样了，我们小姑娘在外面吃更贵，还不卫生，新闻上天天说什么'地沟油'啦，'添加剂'什么的，听着都害怕的。"

"是啊，我这老婆子做的饭虽然不好吃，但至少干净、卫生。我儿子也总在外边吃饭，我不放心，叫他回来，他总说工作忙。哎。"阿姨抱怨道。

婷婷又和阿姨聊了一会儿，然后说："阿姨，您看，和您聊起来，都忘了今天是干什么来了，是这样的，上周六，您在中山公园填了一张健康卡。您很幸运，免费获得了一张价值 100 元的健康检测卡，我们的仪器主要是检测心脑血管方面的，您的资料上说您有高血压，我建议您可以去体验一次，而且还是免费的。"

"嗯嗯。"阿姨听了以后直点头。

婷婷是个善于社交的女孩，先从阿姨关心的菜价开始，打消了阿姨防备的念头，进而说明自己的来意，推销自己的产品。

当下社会，人际关系的重要性尤为重要。一个职场女性，会不会社交在一定程度上决定了她的生存状况。任何一场谈话，都有主题，但在进入主题之前，没有一个心理缓冲的过程，就会显得很突兀。如果"废话"或者"闲聊"运用得当，就能起到调节交谈气氛的作用，有利于双方的进一步交谈。

很多职场女性都有这样一种经历，在和不太熟的人聊天时，经常是聊着聊着就突然感觉无话可说了。为了避免这种尴尬，就需要制造一些别的话题。

无论是商务洽谈还是朋友聚会，都会有一段时间的"热身运动"。很多女性在参加社交过程中，都会忽视"热身运动"的重要性。其实这段时间的交谈，大家都是比较放松且没有戒心的。如果我们趁此机会让对方的潜意识对我们产生好感，那么在接下来的会谈中肯定会进行得非常顺利。我们交谈的目的也就更容易达到了。

聪明的女人在人际交往中往往会重视与人联络感情，多说一些废话，加深感情。那么对于初次见面的人来说，如何避免"词穷"呢？

（1）"废话"是人际关系开始第一步

话糙理不糙，如果两人初次见面就聊"收入多少"、"怎么合作"肯定不行，所以"寒暄"、"问候"成了公认的第一步。

跑业务时，第一次见面很难达成协议，一般人会把与客户的第一次见面当成"相互了解"的过程，一般这个过程谈及业务话题很少，所以第一次见面，废话就成了双方说得最多的事。

（2）"废话"都说些什么

"废话"比公事语言更能拉近彼此距离，说废话有一个目的，就是找到

聪明女人们必懂的1000个心理学常识（图解案例版）

两人的共同兴趣、爱好点，废话的内容大概涉及三大方面：天气、家乡、世界。如果没有话题说，就拿这些说事吧。

有经验的人会仔细倾听别人感兴趣的内容，尽管自己不喜欢，但很管用，对方在侃侃而谈，自己洗耳恭听，会容易获取别人好感和信任。

（3）说"废话"的思路

随便聊一个话题，对于这个话题，有一个明确的思路，将这个思路分成 N 小段，每一小段不能多于思路的 1/10，之后分的每个小段，用 10 句以上的话来描述。这是最关键一点，说完每句话的时候，如果对方感兴趣就顺着他的话题走下去，如果不感兴趣就换一个话题或打开下一条思路。

说"废话"在人际交往中很有用，同时要注意把握好度，废话说太多，显得人轻浮，但绝不能沉默是金。

心理透视镜：人们在接触陌生人时，通常是抱有一定程度的防备心态的，如果我们在正式交谈时，先说一些"废话"，找到与对方共同的爱好、兴趣、价值观等，这样我们的交谈就会变得很容易。

四、小幽默更能带动和调节交际氛围

我以前一位同事张姐，40 岁，是办公室里的活宝，哪里有她，哪里就笑声不断。有时候双方本来剑拔弩张，让她一句话，生生就能给泄了气。

一次，小王带儿子来单位。这孩子特淘气，一眨眼的工夫，就把电脑的鼠标摔坏了。小王大怒，抬手照着孩子的头就是一巴掌，那声音比打响鞭还脆。这下手也太狠了，我刚想张嘴，就见张姐"噌"地跳起来，指着小王的鼻子大叫："你干嘛打孩子，你的手怎么这么欠？"这一嗓子，同事们全蒙了，小王这个愣头青更是气得眼睛喷火。张姐见小王指着孩子，于是说："你知道你这一巴掌起什么作用吗？你这孩子原本可以当大学教授，就这一巴掌，把个好端端的大学教授给打没了。"周围的同事哄堂大笑，小王也乐了："大学教授，他有那个脑袋，太阳就得打西边出来了！"

一场纠纷，就被张姐给化解了。事后，我对张姐说："今天真够悬的，我当时汗都出来了。"张姐说："我就见不得打孩子，但话一出口，也觉得冒失了，可又不好意思把话收回去，于是就来了个脑筋急转弯。"

办公室的幽默，就像职场中的润滑剂，不但能活跃气氛，给生活带来乐趣，而且还能巧妙地化解矛盾，传递信息。

生活中，无论是什么交际场合，人们都讨厌沉闷的氛围，喜欢轻松的气氛。幽默是一种特殊情绪的表现，它能降低人的心理戒备，缓和紧张的气氛，是促进人与人之间积极交往的推动器。它像一座桥拉近了人与人之间的距离，使陌生的心灵变得亲近，以轻松的形式化解矛盾和尴尬。

在沉闷的氛围里，人容易紧张，这时做什么事都会觉得不自在，这样不利于交往及问题的解决。用恰到好处的幽默来调节一下气氛，对摆脱沉闷、促进交流是个不错的选择。

幽默可以淡化人的消极情绪，带来希望和快乐。具有幽默感的人，生活充满情趣，许多看来令人痛苦的事，他们都能应对自如。幽默不是某个人的专属，职场女性们也可以"幽默一把"。

拥有幽默口才会让人感觉你很风趣，有很高的文化素养和丰富的文化内涵，折射出一个人的美好心灵，这样具有魅力的人谁不喜欢呢？下面给大家列举一下日常交际中常用的几种幽默方式。

（1）自嘲幽默法

自嘲幽默法是一种很有效的幽默方式。表达者遭遇尴尬或有意想不到的事情发生时，运用自嘲法更可以让自己迅速摆脱困境。如一个秃头的人在面对自己的秃顶时，不会刻意地去掩饰，他会说："没办法，谁叫我聪明，好了，现在就绝顶了。"这样会在大家的哄笑中缓解了自己的尴尬境地。

（2）夸张渲染法

夸张渲染法是把生活中人的滑稽可笑之处极力夸大，与现实造成极大的反差，来揭示生活中的某些现象。比如一个胆小的人在他的朋友陪伴下去看医生。医生开出了药方后让此人的朋友去取药。这个人十分胆怯地说："我是不是病得很重啊？"医生说："是的，如果你的朋友走得太慢的话我怕……""怕什么？"这个人吓得够呛。"我怕你朋友回来时你的病已经好了"。这位医生通过这种巧妙的幽默方式不但安慰了这位胆小的病人，同时也把这位病人的胆小夸张地表现了出来。

（3）双关法

双关法，简言之就是"话中有话"。一位尖酸的秀才在城门口看见一个农民赶着一头毛驴上城，便打招呼。农民很奇怪，但出于礼貌也向秀才回了个招呼。秀才却说："我和驴打招呼呢，没和你打招呼。"说完扬扬自得地笑了起来。没想到却看见老农对驴说："啊，你这头蠢驴，怎么不早说你在城里还有亲戚呢？"秀才只好无趣地走开了。老农巧妙地运用了双关法的幽默方式嘲笑了这个自以为聪明的秀才。

（4）以谬攻谬法

以谬攻谬法类似交际中的太极拳，它的特点是后发制人。关键在于不揭露对方的错误，而是顺着对方的逻辑推理下去，得出荒谬的结论，在荒谬升级中共享幽默之趣。

一位女士与一位先生正在聊天。女士认为世界上最锋利的是这位先生的胡子。这位先生不解。女士说："你的脸皮这么厚，但你的胡子居然还能破皮而出。"然而，这位先生反问："女士，你知道吗？你为什么不生胡子？"女士当然不知道。"因为你脸皮更厚的缘故，连尖锐、锋利的胡子也无法破皮。"这样，这位先生巧妙地将这位女士的嘲讽还给了对方，同时又不失绅士风度。

心理透视镜：幽默是一种智慧的表现，幽默并非天生，你可以通过平时有意识的学习和运用来提升自己幽默的能力。

五、"中间人"让社交关系更融洽

我的一位同学李淼大学毕业后没有留在大城市，而是回到县城教书。本来就想着安安稳稳的他发现，事情并没有想得那么简单。很快她就对教书的工作不耐烦了。可是毕业已经有两年了，自己的专业也生疏了，还能找到好工作吗？

她有个好姐妹王艳，王艳毕业后留在了大学所在的城市。没事的时候，她总是去找王艳玩。她又像往常一样来到王艳家，发现有客人，正准备走，王艳叫住了她："干嘛走呢？你们一个是我的高中同学，一个是我的好姐妹，大家一起聊聊天吧。"

熟悉之后，她知道了王艳的这位同学是物价局的局长。王艳就把她想换工作的事情告诉了这位同学，得知她以前是财务管理专业，王艳的同学满口答应下来。

没过多久，她就转到了城市的一家会计事务所工作。

这位物价局的局长是她的贵人，而王艳却是对她起到间接帮助作用的贵人。善于利用"中间人"的关系，你也可以遇到生命中的贵人。

朋友不是天上掉下来的，而是需要你去主动结交的。在人际交往中，如果你希望结识某个人，可以请求"中间人"介绍或者在交谈中提一提你们共同认识的某个"中间人"。这样可以使你们的交流更有效率。

在职场人际关系中，如果遇上对你怀有敌意的同事，你该如何呢？这时候不妨通过"中间人"代为传话，以化解或是中止敌意，这样可以达到两个目的，一是把自己的想法和事实告知对方，起到澄清事实真相、消除误会、沟通了解的作用；二是让对方知道，已了解到对方的所作所为，从而起到警示作用，使对方有所收敛。

女人天生就是优秀的交际家。聪明的女性会重视人际关系的作用，并努力寻求各种关系帮自己达到目的。如果你有求于别人，又与他没有交情，不妨找个中间人，比如你的亲戚、同学、上司、下属等。这需要你了解他们的社交圈子，与

他们搞好关系，通过他们为你引见，这样，你的人际关系网就会越来越大，你的贵人也会越来越多。

那么在社交活动中如何利用中间人，从而达到自己的目的呢？

（一）表明自己和"中间人"的关系

一般情况下，"中间人"会相互介绍对方。比如"中间人"会说"这是×××，我的大学同学。"然后对另一个人说"这是×××，我的高中同学。"当双方彼此了解了与"中间人"的关系后，交流时就心中有数了。

（二）让"中间人"为双方制造话题

与人交往第一件事就是确定话题，共同话题是初步交谈的媒介，有了共同话题就能使气氛融洽。如何选择话题非常关键，不妨先让"中间人"指出双方的共同点，从而找到共同话题。

（三）切忌急功近利

谈话内容一定要有弹性，重要的不是你做了什么，而是对方对你的这种方式是否接受。

心里透视镜：在日常生活中，人们往往更愿意接受熟人的意见，在交谈中，一旦有了认同感，就能创造和谐的交际气氛，事情就好办得多。

六、有冲突时交谈尽量不要面对面

我的同事李菱最近遇上了一点麻烦事，她男朋友的父母似乎对她不满意，已有打算结婚的她，对此感到很沮丧。于是找她的好姐妹刘丹诉苦。

"你知道他们为什么对你不满意吗？"刘丹问。

"可能是觉得我没有王伟优秀吧。"她回答。

"你跟他们见过几次面？"刘丹随口问道。

"一共就见过两次，第一次是在王伟的公司，我和他母亲碰见，说了一会儿话。第二次是王伟安排的，在饭店，四个人面对面坐着吃的饭。"她如实回答。

"哎呀，怎么能面对面坐呢？你是与他们联络感情的，又不是去谈判。面对面坐，会增加对方的心理压力，这时候你要坐在他们的侧面。"虽然她不明白刘丹的意思，不过她还是记住了刘丹的话。

后来一次安排的饭局上，李菱刻意坐到了王伟母亲的身边。那次以后，王伟的母亲经常主动打电话给她。

在人际交往心理学中，人们把因为坐向而影响交往质量的现象，称之为坐向效应。俗话说"人走茶凉，离久情疏"，人们通常认为面对面的交流是最好的沟通方式。然而助理教授罗德里克·斯瓦伯（Roderick Swaab）却认为，与他人面对面沟通并进行目光接触并非总是最佳的方法，包括在重要的商业谈判中。

目光接触和眼神传递在人们不了解对方时大有裨益，诸如在面试时。当双方没有强烈的合作或竞争意向时，目光接触也有助于双方摸清对方的底牌。但倘若协商的双方已经有所冲突，正面的目光接触将是雪上加霜。当双方已发生严重冲突时，双方分隔以避免目光和眼神接触，反而更有利。

与人相对而坐，就会产生一种自然的压迫感、不自由感。这是由正面直视的视觉"感受"而造成的。即使不是有意凝视对方，由于彼此正面相对，视线强烈，具有一种直视对方心理的攻击性。

所以我们平时在与人争辩时，总是不知不觉地采取正面相对的姿势。这种面对面的坐姿，容易造成紧张、对立的关系。只要彼此横向而坐或斜线而坐，让彼此的视线斜向交错，减弱视线的对立性，那么就可以避免尖锐的对立状态，反之，就可以造成对立关系。

职场女性们在职场中要注意以下几种不宜面对面而坐的情况。

在向上司汇报时不宜面对面而坐，要找一个侧向的座位而坐，或中间有一些遮挡物的座位而坐，如果找不到，就要把座位做适当的移动，改为略为偏斜的方向，这样既尊重领导，又不会逼视领导，能很好地交流沟通下去。否则，就有可能与领导顶撞起来。

在与同事交流中，也要注意这一坐向方式，如果是为了顺利协调关系，就必须横向而坐或倾斜交叉而坐。

我们在教育孩子时，要帮助他分析原因，并增强他战胜困难的信心。这时候要横向或倾斜交叉坐在他身旁，给他温暖的亲情感受。

如果是为了引起对方注意，就必须面对面而坐，否则就起不到引人注目的效果。在审判犯人时，之所以面对面，且中间不放任何东西，就是为了起震慑作用，让犯人的眼睛与千万只群众的怒目相看，使之产生眼睛的无声胜有声的逼视功能。

心理透视镜：面对面而坐时产生的压迫感是由于正面直视的视觉"感受"而造成的。即使不是有意凝视对方，也会有一种直刺对方心理的攻击性。

七、共同点让彼此交流更愉快

在火车上，身旁有一个女孩和男孩坐在一起，时间漫长，都很无聊，不知不觉地交谈起来。

"你这是去哪里啊？"男孩打破沉默。

"我去南京，你呢？"女孩如实回答。

"真的吗，我也是。你去南京干什么？"男孩追问。

"去找我的闺蜜玩，她在南京上学。你呢？"

"我在北京上学，家在南京，国庆节回家看看。"男孩说。

"你在北京上学啊，我也是，你是哪个学校的？"女孩来了兴趣。

"北京师范大学。"

"我也是，我也是。"女孩兴奋地回答。

"这么巧，我们竟然是校友？你是什么专业的……"枯燥的旅途时间因两个人的热聊变得有趣。两人互相留了电话，下车后，两人一同进餐。最后，两人还成了男女朋友。

冷漠的社会，人们习惯性地戴上了面具，可是一旦发现和对方有某个共同点，就会不自觉地摘下面具，减轻对对方的戒心，甚至消除。人们都有这样的一种心理，这就是投其所好。聪明的职场女性，如果掌握这一个攻破人心的方法，就会对你的社交活动有很大的帮助。

相信很多人都有同样的经历，在与某人交谈时，发现自己与对方来自同一个地方，或者曾经是一个学校等，就会变得熟悉起来。不再是戒备，而是惊喜和喜悦，气氛随之融洽。那么如何找到共同点呢？

（1）察言观色，寻找共同点

一个人的心理状态、精神追求、生活爱好等，或多或少地会在他们的服饰、谈吐、举止等方面有所表现，只要你善于观察，就会发现你们的共同点。

同时察言观色发现的东西，还要同自己的情趣爱好相结合，自己对此也有兴趣，才有可能打破沉寂的气氛。否则，即使发现了共同点，也会无话可讲，或是讲一两句就"卡壳"。

（2）以话试探，侦察共同点

为了打破沉默的局面，开口讲话是首要的，有人以招呼开场，询问对方籍贯、身份，从中获取信息；有人通过听说话口音、言辞，侦察对方的情况；有的以动作开场，一边帮助对方做某些急需帮助的事，一边以话试探；有的甚至借火吸烟，也可以发现对方特点，打开口语交际的局面。

（3）听人介绍，揣度共同点

去朋友家串门，遇到有生人在座，主人会对双方互相介绍，细心人可从介绍中发现对方与自己的共同之处。重要的是在听介绍时要仔细分析、认识对方，发现共同点后再在交谈中延伸，不断地发现新的共同关心的话题。

（4）揣摩谈话，探索共同点

为了发现陌生人同自己的共同点，可以在需要交际的人同别人谈话时留心分析、揣摩，也可以在对方和自己交谈时揣摩对方的话语，从中发现共同点。细心揣摩对方的谈话可以找到共同点，使陌生的路人变为熟人，发展成为朋友。

（5）步步深入，挖掘共同点

发现共同点只是谈话的初级阶段所需要的。随着交谈内容的深入，共同点会越来越多。为了使交谈更有益于对方，只有一步步地挖掘深一层的共同点，才能如愿以偿。

寻找共同点的方法很多，只要仔细发现，陌生人无话可讲的局面不难打破。

 心理透视镜： 不熟悉的人不要急着表达自己的带有价值判断的真实想法，毫无保留地表达自己的真实想法是件危险的事，它可能会使你们之间的交谈降至冰点。

八、巧借吃饭喝茶与人沟通

我以前一位同事李先生刚刚担任了销售经理，俗话说"新官上任三把火"，经过市场调查和同行论证，他制订了一份扩大销售业务、抢占外地市场的计划书。但实施这份计划需要比较大的人力、物力和财力投入。他知道，像这样的提案，按照公司运营的情况来看，恐怕难以通过，要想使计划得以通过，必须讲究策略。

一天，他借着总经理出差归来的机会，提出要为总经理接风洗尘，总经理答应了。他特地安排在一家总经理从未到过的风味小店就餐，并且带上了参加过市场调查的业务人员。总经理吃得很满意，连连夸奖他安排得好，既省钱又有特色。

他看时机已到，就将自己制订的计划书交给总经理看，并用"抬高目标"

的方法强调实施这项计划对公司业务发展的重要性；随同的几位业务员，也以市场调查的亲身经历和感受陈述了实施这个计划的必要性。总经理看计划书准备得相当充分，当即表示同意，并答应三天内召开董事会专题研究这项计划。

中国讲究"无酒不成席"，中国人无论办什么事都离不开饭桌酒桌。我们都有这样的经历，本来饭桌上都客客气气的，酒过三巡之后，大家就欢声笑语，兴致盎然了。但凡涉及社交就离不开请客吃饭。

《札记·礼器》说："君子有礼，则外谐而内尤怨。"餐桌是人际关系的润滑剂和调节器。餐饮礼仪的基本原则是敬人律己、真诚友善，因而它是联络人们相互间的感情，架设友谊的桥梁。

餐桌能协调各种人际关系，营造一个和谐友善的社交氛围。即使人与人之间发生了不快、误会和摩擦，通过饭桌就会化干戈为玉帛，重新获得彼此的理解和尊重。在餐桌上，初次相遇的陌生人，也会成为一见如故的知心朋友。

聪明的职场女性，如果你想求人办事，想说服别人或者是人际关系陷入僵局，不妨请对方吃顿饭。人们在吃饭、喝茶时，随着胃部食物的逐渐增多，对外界的人和事的抵触程度会降低。也许你的要求让人难以接受，但在"茶足饭饱"后，对方一般都会接受。

吃饭是特别亲和、让人放松的一种社交形式。不可否认，喝酒的确能够给聚餐增添气氛，联络相互间的感情。饭桌上只要我们表现得体，就可以改变对方对我们的坏印象，有时候，大问题也可以在休闲中解决。只要对方答应我们的邀约，那么求人办事也就成功了一半。当你遇到了固执的对手时，不妨请他闻闻咖啡的香味吧。

请人吃饭要注意场所，选择适当的时机，同时还需要考虑一些细节问题。

具体有以下几个方面。

（1）根据具体情况，选择不同的形式

如果是生意场合，那么吃饭、喝酒时就不能表现得太过小气。如果是接待重要人物，就更需要注意宴会的档次，一旦接待不周，不但不能缓和现状，还会使事情变得更糟。

如果是在你的公司进行沟通、磋商，那么就可以请对方喝茶和吃点心。这样就减少对方说出反对意见的机会。

（2）表达重视

无论出于何种目的请对方喝茶、吃饭，我们都要表达自己对对方的尊重。餐桌上，我们有时是以个人身份去赴宴，此时表现的纯粹是个人形象；而有时则是以个人形式代表组织或单位去赴宴，此时个人代表的则是组织或单位的形象；有时个人的言谈举止还会被外界视为一个民族、一个国家的形象。我们的每一个细微动作，我们的一言一行都会成为对方评价我们的标准，所以不管以什么身份，都要具有良好的餐饮礼仪，应对进退，表现不俗，塑造出良好的个人形象或组织形象。

　　心理透视镜：吃饭、喝茶是笼络人心的重要手段，人们在吃饭时，会变得宽容。当对方吃了你的食物时，你就可以大胆开口了，即使是他原本反对的事，他也会改变初衷。

第八章
CHAPTER 08

玩转心理效应
——洞悉他人的心理秘密

你了解自己吗？你了解身边的人吗？你能够获得别人的信任吗？你能在社交中左右逢源吗？生活中，每个人都在扮演着不同的角色，每天都在和他人打交道，有的只是你人生中的匆匆过客，有的却成为与你相知相惜的朋友。为什么能和那个人做朋友，为什么和这个人合不来？这就是心理学要解决的问题之一。学习心理学，了解自己，了解他人，处理好人际关系。

一、首因效应：第一印象 "Perfect"

那天上午，我的好友马鸣赶到鸿达公司参加最后一轮应聘，主考官正是鸿达公司的老总。临到考试时间快要结束时，马鸣才满头大汗地赶到考场。

老总瞟了一眼坐在自己面前的马鸣，只见他大滴的汗珠子从额头上冒出来，满脸通红，上身一件红格子衬衣，加上满头乱糟糟的头发，尽显疲惫。老总仔细地打量了他一阵，疑惑地问道："你是研究生毕业？"似乎对他的学历表示怀疑。

马鸣很尴尬地点点头回答："是的"。心存疑虑的老总向他提出了几个专业性很强的问题，马鸣渐渐静下心来，回答得头头是道。最终，老总经过再三考虑，决定录用马鸣。

第二天，当马鸣第一次来上班时，老总把马鸣叫到自己的办公室，对他说："在我第一眼看到你的时候，我并不打算录用你，你知道为什么吗？"他接着说："当时你的形象实在是很糟糕，满头冒汗，头发散乱，衣着不整，你那件红格子衬衫，更是不伦不类，不像个研究生，倒像个自由散漫的社会小青年。我对你的第一印象很不好。只是你在回答问题时很出色，所以我决定录用你。"

马鸣听罢，红着脸说："昨天我前来面试时，在大街上看见有人出了车祸，我就主动协助司机把伤员抬上的士，并且和另外一个路人把伤员送去医院。从医院里出来，我发现自己的衣服沾了血迹，于是，我就回家去换衣服。不巧我的衣服还没有干，我就把我二弟的一件衬衫穿来了。又因为耽误了时间，我就拼命地赶路，所以很狼狈。"

老总点点头说："难得你有助人为乐的好品德。不过，以后与陌生人第一次见面，千万要注意自己给别人的第一印象啊！"

聪明女人们必懂的1000个**心理学常识**（图解案例版）

马鸣的工作很出色，不出半年，就被升为业务主管，深得老总的器重。

生活中，每个人不自觉地会对"第一"有特殊感情，比如，你会记住第一任老师、第一天上班、第一个恋人等。在心理学上把这称之为"首因效应"。

"首因效应"体现在先入为主上。这种先入为主给人带来的第一印象是鲜明的、强烈的、过目难忘的。对方也最容易将你的"首因效应"存进他的大脑档案，留下难以磨灭的印象。

心理学研究发现，与一个人初次会面，45 秒内就能产生第一印象。这最先的印象对他人的社会知觉产生较强的影响，并且在对方的头脑中形成并占据着主导地位。

曾经有人指出："保持和复现，在很大程度上依赖于有关的心理活动第一次出现时注意和兴趣的强度。"并且这种先入为主的第一印象是人的普遍的主观性倾向，会直接影响到以后的一系列行为。

第一印象作用最强，持续的时间也长，比以后得到的信息对于事物整个印象产生的作用更强。

所以，给别人留下良好的第一印象，能在对方的头脑中占据主导地位，并在社交中影响对方的潜意识，达到我们的社交目的。作为职场女性更是如此，优雅的第一印象至关重要。因此，在交友、招聘、求职等社交活动中，我们可以利用这种效应，展示给他人一种极好的形象，为以后的交流打下良好的基础。

虽然仅凭一次见面就给对方下结论为时过早，"首因效应"并不完全可靠，甚至还有可能会出现很大的差错。但是，绝大多数的人还是会下意识地跟着"首因效应"的感觉走。所以我们若想在人际交往中获得别人的好感和认可，就应当给别人留下良好的"首因效应"。

作为职场女性，我们可以充分利用"首因效应"来帮助我们完成漂亮的自我推销，做到这一点，首先要面带微笑，这样可获得热情、善良、友好、诚挚的印象。

其次，要注重仪表风度，一般情况下人们都愿意同衣着干净整齐、落落大方的人接触和交往。整洁，给对方留下严谨、自爱、有修养的印象，良好的气质是给别人留下美好第一印象的前提。作为女性，要充分展现自己在穿着上的优势。穿着要整洁，打扮应适度，将自己的气质塑造出来。

再次，言谈举止要得体，在社交活动中不要表现得过于羞涩，更不要扭扭捏捏，让人觉得矫揉造作。聪明的职场女性往往大方自信、言辞幽默、侃侃而谈、不卑不亢、举止优雅，从而赢得别人的尊重和欣赏。并给人留下难以忘怀的印象。

最后，尽量发挥你的聪明才智，在对方的心中留下深刻的第一印象，这种印象会左右对方未来很长时间对你的判断。

首因效应在人们的交往中起着非常微妙的作用，只要能准确地把握它，定能给自己的事业开创良好的人际关系氛围。

心理透视镜：一个人的服装代表着这个人的形象，别人可以通过这个人的穿戴，推断当事人的文明程度、精神状态。同时，穿戴也不要过分，要尽量大众化。否则，就容易使自己鹤立鸡群而显得难堪。

二、近因效应：不良印象要尽快抹掉

我的邻居张林与李萌是小学的同学，从那时起，两个人就是好朋友，彼此非常了解。可是近一段时间李萌因家中闹矛盾，心情十分不快，有时张林与她说话，她也会动不动就发火，而且一个偶然因素的影响，李萌卷入了一宗盗窃案。张林认为李萌过去一直在欺骗自己，于是与她断绝了友谊。这其实就是近因效应在起到作用。

现实生活中，近因效应的心理现象相当普遍。很多女性都有这样的经历，两个好朋友为一点矛盾，产生误会从而翻脸，甚至断交。生活中时常发生的还有这样的事情，常年来往的两个家庭，亲密得不分彼此，忽然有一天，两家因为一件小事产生隔阂，甚至大动干戈。发生这些问题的罪魁祸首就是近因效应。

朋友之间的负性近因效应，大多产生于交往中遇到与愿望相违背，愿望不遂，或感到自己受屈、善意被误解时，其情绪多为激情状态。在激情状态下，人们对自己行为的控制能力及对周围事物的理解能力，都会有一定程度的降低，容易说错话，做错事，产生不良后果。因此，凡事须加忍让，防止激化。待心平气和时，彼此再理论，明辨是非。

心理学的研究表明，在人与人的交往中，交往的初期，即在延续期的生疏阶段，首因效应的影响更为重要，而在交往的后期，在彼此已经熟悉的时期，近因效应的影响会变得重要。第一印象非常重要，随着交往的深入，印象会逐渐发生改变，良性的近因效应才是影响交往的关键。

"路遥知马力，日久见人心"，仅凭第一印象就妄加判断，"以貌取人"，往往会带来不可弥补的错误。这时近因效应就会起作用。多种刺激一次出现时，印象的形成主要取决于后来出现的刺激，即在交往过程中，我们对他人最新的认识占了主体地位，掩盖了以往形成的对他人的评价。

在现实生活中，近因效应的心理现象相当普遍。有时候一句话会伤了多年的和气。事实上，如果你能够把别人近期的异常表现视为以往的任何一件事，甚至是非常重要的一件事，都是毫无妨碍的，不会因近因效应而影响你的判断。

近因效应在生活中是常见的。任何一个女人，都要善于运用近因效应的心理策略，让别人真正喜欢我们。

如何巧妙地运用近因效应，把负性近因效应转化为正向的呢？

（1）尝试沟通

如果你没有给对方留下好的第一印象，那么就请你尝试着多去沟通吧。不动声色地表现自己良好的一面，让别人对你产生进一步的了解，化解误会，重新建立你的好形象。

（2）注重后期维护

后期的维护工作更重要，不能让别人觉得你的热情是三分钟的热度。长期保持联络，维护你们之间的友谊，对以后的发展往往非常重要。

平时不妨打个电话，偶尔送个小礼物，空闲时间可以互相走动一下，经常互动的情况下，在需要帮助时提出请求就不会显得突兀。那些刚认识时很热情，事后长时间不联系，有需要帮助时突然又找上门来的人，会让人们觉得自己被利用了。

聪明的职场女性，在与人交际的过程中，要善于运用一些心理策略，尽量让别人喜欢你。

 心理透视镜：社会交往中，如果给对方的第一印象不够好，或者在双方的交往中出现了不快，我们应该巧妙地运用"近因效应"，挽回局面，达成谅解。

三、倾听效应：会听比会说更重要

我的一个朋友李进是一家大型广告公司的文案策划，口齿伶俐，头脑灵活，才思敏捷。工作两年来，很受同事们的青睐。于是，他就有些飘飘然了，认为自己在广告界的影响力与日俱增，每次看到公司经理听到自己开会发言时那微微颔首的表情，心里就想着：再表现表现，离升职肯定不远了。

一次大客户策划会上，公司经理提出了一个四平八稳的文案，经理还没有说完，他马上予以否定，提出了一个更为周到、简洁的文案，并大谈特谈，把经理晾在了一边。还有一次，在与客户交流时，他直接打断了经理的表述，为客户讲解起自己认为更好的文案。

最后虽然这位客户最终接受了他的文案，但却向经理提出：不用他做项目跟进。因为客户觉得他的想法太多，脑子太灵活，具体做事情还是要找个脚踏实地的。没多久，他就被从业务部调到了接待部，在这里，他根本无法施展才华，等待他的要么是接受，要么是辞职。

古人云："三人行必有我师焉"，面对领导、同事或是客户，谦虚一点总是没有坏处的。至少要学会把别人的意见听完整再开口，不然时间长了，别人就不给你高谈阔论的机会了。在工作中切记不懂得倾听别人的想法和观点，犯自以为是的毛病。

倾听，是一种待人的礼节，认真倾听是尊重别人的表现。别人讲话时，你的眼睛注视着他，并能适时进行眼神交流，这表示你在专注地听、专注地思，这是对说话者的尊重。

懂得倾听，不仅是关爱、理解，更是调节双方关系的润滑剂。要想营造和谐的人际关系，必须懂得耐心地倾听。倾听比说话更重要。在人际交往中要善于倾听别人的谈话，在别人说话时少说话，安静地、耐心地倾听，可以使自己的话语为人重视又不惹人讨厌。

在职场中，特别是对职场新人而言，学会倾听远比会说话重要得多。只有先学会了“听”，才能有效领悟领导或客户的心声，认清自己现在该做什么，如何去做；只有先学会了“听”，才不至于说错话，还能说出有建设性、有价值的话。学会智慧地听、谨慎地说，就能减少不必要的麻烦和误会，提高工作效率，增强工作能力。

那么，职场中究竟该怎样“听”，又该怎样去说话呢？

（1）职场中面对领导说话一定要讲究分寸，不要越级、不要越权

最重要的是：永远不要挑战领导的决策权，尤其不要在众人面前威胁到领导的权威。

（2）要在各种大小场合中学会倾听

当领导在私下里向你了解单位的工作情况或你的看法时，要在倾听问话中找到领导关心的重点，不要洋洋洒洒说一大堆。当领导在会议集体讨论中让你就某个问题进行讲解或表态时，一定要做到集中重点，找小错或少找错，帮大忙。

当然，对涉及公司发展大势的事，如果你有特殊见解，也一定要合理地表达出来，不过这种表述要大方得体、不谦不卑，更不应无视领导、唯我独大地夸夸其谈。

切忌公共场合过多地挑剌，让自己成为矛盾的焦点或制造者。有问题可以说，但是尽量在会前或会后找领导进行详细的沟通。在人前，还是少说多听，把话语权留给领导。

和客户、同事说话也会存在这样的问题。这时候一定要顾及别人的感受，工作中难免和同事有磕碰。有时不妨换位思考一下，假如我是他，会是什么样的心情？不要贪图逞一时口舌之快，为争个输赢而不分场合、地点，不讲究方式策略、信马由缰地什么都说，从而失去领导对你的信任和同事对你的尊重。

心理透视镜：人们交往的目的在于沟通，获得对方的好感。用心倾听可以把握说话者所要表达的完整信息，能让说话者感受到我们的理解与尊重。

四、焦点效应：人人都渴望成为焦点

我的同事要去拜访他的客户，不巧的是，客户当时正在打电话。于是，他静静地坐了下来，观察了一下客户的办公室。客户的后面是一个书柜，前面的桌子上摆着一张穿着博士服的照片，照片一侧竖写了四个大字"大展宏图"，照片被裱了起来，看起来非常不错。

客户打完电话，他说："王总，您是博士毕业啊？读的哪所大学啊？您是博士又掌管着这么大的一个公司，国内像您这样的董事长可不多啊！"客户一听，立刻哈哈大笑："哪里，哪里，过奖了，这是我以前在读……"客户讲起了自己的事。

客户谈了一会儿，就主动切入正题，谈起了产品。但是，他说出了价格，客户不再说话了。他很快反应过来，说："王总，照片上的字是您写的吧，真有气势，你对书法肯定也很有研究吧？"客户一听，说道："过奖了……我以前……"最后，他成功地谈成了这笔生意。

焦点效应意味着人们往往会把自己看作是一切的中心，并且得到别人的关注，直觉地高估别人对我们的注意程度。每个人都有这样的体验，这种焦点心理状态让我们过度关注自我，过分在意聚会或者工作集会时周围的人对我们的关注程度。

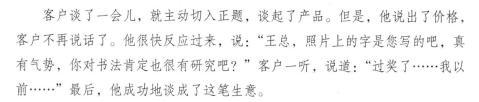

你是不是曾经因为在某一次派对上把饮料洒了一身而懊恼很久？你有没有曾经在公共场合摔倒，然后在 5 秒内迅速起身，还要装作若无其事？回答都是"是"？恭喜你，你也是 Spotlight Effect 组的一员了。

心理学家基洛维奇做了一个实验，他让康奈尔大学的学生穿上某名牌 T 恤，然后进入教室，穿 T 恤的学生事先估计会有大约一半的同学注意到他的 T 恤。但是，结果却是只有 23% 的人注意到了这一点。

这个实验说明，我们总认为别人对我们会倍加注意，但实际上并非如此。我们过高地估计了自己的突出程度，我们对自我的感觉占据了我们世界的重要位置，我们不自觉地放大了别人对我们的关注程度。

这是人类的普遍心理，即把自己当作是一切的中心，且高估了外界对自己的关注，这是心理学中所公认的一个事实——人都是以自我为中心的。其实，这在日常生活中也是非常常见的。比如，女性会在出门时花费一番心思打扮自己。又如，同学聚会时拿出集体照片，每个人基本都在第一时间找自己，每个人也都会在照片中首先找到自己。

再如，在我们跟朋友聊天时，会很自然地将话题引到自己身上来。并且，每个人都希望成为众人关注的焦点，被众人评论。这些说明，在我们心目中都希望自己成为焦点，尽管也许并没有人注意到我们。

人际交往中，我们不妨也运用一下焦点效应，让对方多成为"焦点"。在交往前"预热"一下工作，对待陌生人，不要一味地说自己的事，而是多说一些对方的事，让对方成为焦点，这样就会拉近交际双方的心理距离，提高交际效率。

生活中，我们与人交往时，不需要处心积虑地讨好对方，也不需要低三下四地奉承，让对方成为焦点会更有效。职场女性们，在社交中，如果能重视这种焦点的心理，并在适当的时候满足他们的这种心理，会让我们的交际更有效。如果过于考虑自己的内心感受，而不顾对方"渴望被重视"的"焦点心理"，那就会遇到麻烦。

心理透视镜：很多时候，都是我们对自己过分关注，并以此联想到别人也会如此关注自己。这是一种自我焦点效应在作怪，总觉得自己是人们视线的焦点，自己的一举一动都受着监控，这样会让人产生社交恐惧。

五、刺猬效应：谨防距离太近被刺到

我的发小陈欢是业务部的职员，他和上司是很要好的朋友，两人经常去外面聚餐，也经常一起去野外郊游。陈欢在部门里面做会计，有着丰富经验的他，对会计这行非常精通，每次都把账本做得完美无缺，深得上司的欣赏。

最近，公司准备挑选一位员工当主管，同事们都觉得陈欢的机会很大，工作做得好，与上司的关系也处理得好。令人意想不到的是：上司竟然没有提拔他，后来有人问及这事，上司回答说："其实他也没什么本事，而且太情绪化了。和他一起吃饭的时候，他一会儿说要吃四川菜，一会儿说要吃上海菜。"

与同事过度的亲密接触会暴露你的弱点。在办公室里，每个人都力求把自己最好的一面展示出来，可是与同事接触得越亲密，你的缺点就会暴露得越多。在与人相处中，一定要保持适当的距离，不要在亲密接触中流露自己的缺点，那很有可能会影响你的升职。

没有距离，便没有美。美，依赖于距离来塑造人。社交活动中，想建立美好的人际关系，就要用些心思，把握好朋友间交往的距离。"久居之处无美景"，"入芝兰之室，久而不闻其香"，在职场中，同事间的相处也需要保持一定的心理距离，这样才能够感受到同事的"美"，不为太远而疏离，不为太近而伤害，把握住与同事间的最佳距离。

生物学家做了一个实验：把十几只刺猬放到户外的空地上。这些刺猬被冻得浑身发抖，为了取暖，他们只好紧紧地靠在一起，而相互靠拢后，又因为忍受不了彼此身上的刺，很快又要各自分开了。可天气实在太冷了，它们又靠在一起取暖。

然而，靠在一起时的刺痛使它们不得不再度分开。就这样反反复复地分了又聚，聚了又分，不断地在受冻与受刺之间挣扎。最后，刺猬们终于找到了一个适中的距离，既可以相互取暖，又不至于被彼此刺伤。

刺猬法则强调的就是人际交往中的心理距离。女性是天生的感性动物，也许你会遇到过这样的情况，以前无话不谈的闺蜜，忽然有一天就互不来往了，甚至反目成仇，为什么会这样？那是因为你们太过于亲近了。

现实生活中人与人之间总是保持着一定的距离。两个人之所以成为朋友，必定有一定的相容性，但作为两个独立的个体，同样需要一定的私人空间。

对于婚姻来说，同样需要一定的距离。两个人天天在一起，很容易让婚姻走向平淡的深渊。从心理学的角度来看，婚姻是要考虑双方的空间距离和

心理距离的。距离太近，原来的吸引力会变成排斥力；距离太远，原来的吸引力就会失去"吸引"作用。所以，婚姻关系从某种意义上看，也可以说是一种距离关系。

靠得太近了，缺少了一种恭敬心，就看不到对方的功德了。很多人一亲近，往往看不到对方的功德，只看到了过失。

在职场中，不仅要注重业绩，还要注重与周围同事的相处，因为人际关系的好坏，人际关系的积累，也会影响到职场的发展。只有把握住与同事间的最佳距离，才能在职场中游刃有余。

心理透视镜：与人相处，不要过分亲密，而要保持一定的距离，这种距离不仅仅是形体距离，还有心理距离。最好的处理方法就是形体疏远而心灵愈加贴近，相互尊重，避免碰撞而产生伤害。

六、细节效应：细节决定成败

我 在一个会计招聘会上，看见有位姑娘用一元钱打开了录取的大门。当考官在问完她问题之后，说："如果你被录取了，我们会打电话

给你的。"话音刚落，就听到女孩用清脆的声音说："请你无论如何，打个电话来，即使我失败了。"一边说一边递过去一元钱。考官充满了好奇："你为什么要这么做？"

"因为如果我被录取了，这打电话的钱不该公司出；如果我没被录取，这打电话的钱更不该公司出。"考官告诉她："你已经被录取了。"此后，女孩在自己的岗位上做得很出色。

从"打电话"这个细小的环节中，考官作出决定也绝非心血来潮。首先，能明确公私财产是一个会计应具的素质；其次，在失败后能去思考自己的不足，说明她是一个积极进取的人。因此，女孩用一个细节，打动了考官。

社交能力已经成为衡量人才的重要标准之一。细心的女性更容易获得他人的好感，并且懂得如何把这一心理优势贯彻到社交生活中。生活中，很多细节都被我们过滤掉了，细节虽小，但它的力量却是难以估量的。一些细节可以深深地打动人心，甚至在他人的心中打上深深的烙印。细节可以看出一个人的性格、品行等。

细节无处不在，职场女性们，在生活中，什么样的细节能使我们脱颖而出呢？

（1）守时

把手表、手机、电脑、挂钟……你身边一切计时器的指针往前轻轻拨动五分钟。于是，你会发现，早上不再顶着一头乱发气急败坏地冲向打卡机，不会出现拉开会议室的门发现领导已经端坐在里面等你的尴尬，去拜访客户时不用一边赶路一边整理领带或是补妆……一天依然是 24 小时，工作量依然，但你会发现因为这五分钟，自己的工作和心境却从容、自信了很多，表现更加出色。

（2）高效

职场中"忙"声一片，众多职场人的办公桌、电脑桌面，也是堆满文件、报表。毫无头绪地工作，临时任务，总让人感到疲于奔命，却又收效甚微。这时，你需要的不是向领导抱怨工作量太大，也不是挤出休息时间忙工作，你需要的只是头一天或当天花五分钟，写一张 To do List，按轻重缓急列出工作任务，设置好提醒，这样就能让你的工作一环接一环，有条不紊。

（3）成长

古人说，一日三省吾身。这一人生大智慧在职场中同样受用。趁清晨赖床的时候，想想昨天的失误、今天的要事；午餐后，找个安静的角落闭目养神，想想今天工作中碰到的难题和难缠的客户；晚上睡觉前，提前几分钟关掉电视，总结一下今天的收获。每天给自己一点安静反省的时间，一点点的修炼自己的品格。这几分钟一定要用来反问和审视自己，而不是抱怨。

（4）学习

放一本书在包里。利用"时间碎片"学习会让你受益匪浅。每天，我们都有不少时间用在等待上，与其读报纸上的家长里短，不如带一本书上班、等地铁、等女朋友……把这些无所事事的时间碎片用来学习、充电，让自己的思想和知识时时更新，又怎么会有时间来抱怨没空闲去培训呢？

（5）礼仪

办公室里，走廊里，总会遇到一些陌生的面孔，可能是来拜访的客人，也可能是其他部门的同事，甚至有可能是上司的家属。形成一个喜欢微笑的好习惯吧，温暖了他人，也会闪亮自己。几秒的时间里对方就会给你的修养，也给部门或公司的修养打出分数。

（6）健康

十个职场人中，八九个都会被手腕、腰、颈、背疼的毛病所困扰。其实，只要养成一些好习惯就会大大降低你的身体不适指数。早上到办公室后，先做几分钟伸展运动，这有助于加快一天的新陈代谢，避免久坐形成脂肪。工作中，每一到两个小时就站起来活动活动，以伸展为主。上下楼少坐电梯、爬爬楼梯，堵车厉害时就干脆自行车或步行，节假日选择窝在家里？那就搬搬扛扛改换环境……其实锻炼身体的机会很多，只要不犯懒就行。

（7）职业化

早上又起晚了，可偏偏越是着急越出岔子，"呀，这个裙子配这双鞋好奇怪！哎，管不了了。"临出门了，"呀，手机、眼镜去哪里了？"好不容易进了办公室了，却惊出一身冷汗："OMG！昨晚带回家做的文件忘带来了"……

何不在晚上睡觉前做好功课呢？睡觉前精心搭配好第二天的职业装，把"行李"都装好。再以干练、优雅的职业化形象准时出现在办公室。还有，试着让自己的上班包、办公桌面、抽屉、电脑始终井然有序，这样的好习惯表示了你对这份工作的在乎，更会让你在工作中保持沉稳、冷静。

 心理透视镜： 在人际交往中，越是微小的细节越能打动人心。一个职场好习惯，让你拥有更强大的力量，小事成就大事，细节决定完美，做一个值得被信赖的人！

七、名人效应：对方的偶像可作"药引"

中国企业最早用名人的身价做广告炒作恐怕要算孔府家酒厂了。1993 年，《北京人在纽约》在国内播出形成"万人空巷"之后，孔府家酒厂请王姬拍摄孔府家酒的"回家篇"广告，为了炒作产品品牌，孔府家酒厂对外宣称：请王姬，付酬 100 万元。

用名人做广告常常会被看作是企业人格化的一个体现。产品的性能和所体现的服务精神及企业理念是抽象的。而人却是具体的。选择当红的艺人拍广告，自然就会被消费者关注。所以，飞人乔丹充满成功和强力动感之美的形象才会被体育服饰采用，并继而带来滚滚财源。

名人是人们生活中接触比较多，且比较熟悉的群体，名人效应也就是因为名人本身的影响力，而在其出现的时候达到事态扩大、影响加强的效果。

生活中，由于名人的高知名度，人们对其语言的信服程度也会较高。名人效应已经影响了生活中的方方面面，比如，广告请名人代言，能够刺激消费；名人出席慈善活动能够带动社会关怀弱者。简单来说，名人效应相当于一种品牌效应，它可以带动人群，它的效应可以如同疯狂的追星族那么强大。

人际交往中，不妨借用名人效应，借用那些对方害怕或者尊敬的人来给自己打分或者造势，利用对方的名气打压对方或者让对方对自己产生好感。也利用"名人"来提高自己的名气、身份或价值。作为职场女性，如果善于利用"名人效应"，利用他们的影响力，那么我们在对方心中会有同样的"光辉"，并让对方愿意与我们结交。

我们不可能结识那么多的名人，那么如何利用名人效应来抬高身价呢？

（1）不露声色地以名人入题

在和别人谈话时，可以无意中提及某个名人，不露声色地把名人引进来，比如，当对方说了一个笑话时，你就可以说："您真幽默，我以为×××是我见过最幽默的人呢。"这时

候对方就会有兴趣："是吗？你还认识×××啊？"话题也就引开了。

有时候，当我们说出认识某个名人时，对方会以为我们在炫耀自己的人际关系，可是你也确实是认识，那么不妨就不露声色地带出自己与某个名人的关系。比如，你可以说："您好，常听叔叔（或者别的称呼）提起您。"对方听你这样说，自然会问你叔叔是谁。这时候你就可以很巧妙地达到目的了。

（2）把自己说成是名人

说话者用自己的职位来介绍自己，某种程度上可以让对方信服。作为开场白，你可以这样说："您好，我是×××，是×××公司的设计总监，不知道您对我们公司是否了解，我们公司致力于为企业培养最专业的人才，在上海和广州都有分公司，我们为多家知名企业提供多种服务。"名人之所以成为名人，是因为他们在某一领域有其过人之处。由于我们对名人的信服，从而轻易地接受名人的暗示。

心理透视镜：在人际交往中，直言不讳地告诉对方你认识某个名人或者某个名人很欣赏你，是一件非常愚蠢的事，这样不但不能获得别人的认可，还会让对方讨厌你。

第九章
CHAPTER 09

做最优秀的自己
——掌握社交中的心理策略

在社会这个大家庭里，我们每天都扮演着不同的角色，不同的角色又决定了我们不同的身份，那么我们就应该有属于我们自己的精彩。

做最优秀的自己，是人类对美好事物追求的价值体现，是不断完善自我，在不断前进中实现自己的价值。多数人，无论在生活上还是工作上，都渴望得到别人的认可，也就是承认我们的生存价值。

一、客观地评价自己

我小的时候有一个玩伴，他是一个不自信的年轻人。他读完了大学，并找到了一份不错的工作，但他还是觉得周围的人都比自己强——他出生在一个偏僻的小山村，家境十分贫困，靠着救济金才读完了从小学到大学的课程，而他的同学、朋友个个都比他家庭条件好。

由于自卑，到了30多岁他还不敢谈女朋友，总担心女孩子瞧不起他，他也觉得自己配不上那些时尚、骄傲的女孩子。

其实，也曾有不少女孩子追求过他，但他总是不敢面对她们，拼命地躲闪，直到人家对他失去耐心和兴趣，他又为自己的怯懦行为感到懊恼。

他经常责备自己是个懦夫，对自己的言谈举止、思考问题的方式和观点总感到十分不满。但他的同事们却认为他是优秀的。他长得英俊、帅气，一米七八的个头，五官端正，更重要的是，他工作踏实，同事和领导都很喜欢他。

他对自己的认识停留在自己是个贫穷的山里小伙子上，总是对自己进行负面评价，同事们对他的正面评价，他并没有认识到。从而影响到了他的生活、感情。这些都源于他没有一个客观、正确的"自我概念"。

我们每个人在认识纷繁芜杂的客观世界的同时，也渴望了解自身跌宕起伏的内心世界，但让我们感到最可悲的是，我们经常对自己认识不清，不知道自己是谁；不知道跟别人相比，自己有什么不足，或是有什么特别之处。

一个人如果不能正确地认识自己，给自己一个客观公正的评价，那么，他的人生道路一定会弯弯曲曲，不知道何去何从，甚至会经常迷路。德国唯物主义哲学家费尔巴哈说过："谁能够正确地认识自我，他也就在心中点燃了一盏光芒普照的明灯。"

聪明的女性们，怎样正确地认识自己，给自己一个客观、公正的评价呢？

（1）要学会换位思考

换位思考，也就是挪位换量、颠倒对置地思考问题，站在别人的位置，这个换位可以上升到一个很高的角度，怎样处理你所面对的困境。

（2）客观地认识自己

知彼难，知己更难，人们看问题大多是以自己为圆心向外辐射，因此要适时调整对目标的定位，既要看到自己的优点，也要看到自己的缺点，客观地给予评价。同时，我们所隶属的社会群体是我们观察自己的一面镜子。在生活中，我们要留意来自身边的人，如父母、朋友、同事等的多方面信息，帮助我们形成对自我的全面客观的认识。

（3）在自省中认识自我

自省是自我动机与行为的审视与反思，自省可以清理和克服自身缺陷，达到心理上的健康完善。自省是现实的，是积极有为的，是人格上的自我认知、调节和完善。人的成长就是不断地蜕变，不断地进行自我认识和自我改造。对自己认识得越准确越深刻，取得成功的可能性就越大。

（4）全面地接纳自己

一个人首先应该自我接纳，才能为他人所接纳。要平静而理智地对待自己的长短优劣、得失成败，要乐观、开朗，以发展的眼光看待自己。无论是好的还是坏的，成功的还是失败的，凡自身现实的一切都应该积极接纳。

（5）积极地完善自己

年轻人在生活和学习过程中，避免不了遇到困难和挫折。在困难和挫折面前不灰心、不丧气，保持自信和乐观的态度是积极自我概念的集中体现。年轻人要积极参加各种社会活动，提高自己的挫折耐受力和各方面素质，并在这个过程中不断地完善自己。

心理透视镜：人无完人，每个人都是独立的个体，都有优缺点，对于缺点不要自怨自艾，对待优点不要自以为是，正确地评估自己。

二、克服自卑心理，大胆展示自我

我有一位同事总觉得自己太胖，就算穿得再漂亮，也不好看。一到大庭广众面前她就浑身发僵，开口就脸红心跳，新年公司的庆祝酒会上，每个人都上台演讲或者表演，但她往讲台跨去的每一步，都感到难受极了。

她总是以为人人都在嘲笑她的丑陋。看到熟识的人也不敢去打招呼，她总觉得别人看她的眼光就像是看稀有动物。看到上司更是绕道走，更不要说主动走过去打招呼了。

晓红就不大一样，晓红在熟人面前，落落大方，在陌生人面前也笑脸相迎，不卑不亢，给大家留下非常好的印象。一次迎新酒会上，她发现晓红身边总是有很多人围着，她觉得晓红没有自己漂亮，却在晓红身上看到了自己没有的光芒，那就是自信。

人际交往中，如果没有自信，往往无法拥有和谐、友好和可信赖的人际关系，我们只有把自己最好的一面展示给别人，才能得到别人的认同和赞赏。很多女性常常会产生自卑心理，在与人交谈时，不敢表达自己的观点，唯唯诺诺，习惯随声附和别人。那么，她们为什么会有自卑心理呢？

很重要的一点就是，她们感觉她和她要面对的人在地位上有很大的差距，地位上的悬殊让她们感觉面对的人对于她来说遥不可及。

自卑是一种消极的自我评价或自我意识，自卑感是个体对自己能力和品质评价偏低的一种消极情感。自卑感的产生往往并非认识上的不同，而是感觉上的差异，其根源就是人们不喜欢用现实的标准或尺度来衡量自己，而相信或假定自己应该达到某种标准或尺度。

作为女性一定要记住，自信始终是美丽的外衣。任何人都有不足之处，不必放大自己的缺点，忽视自己的魅力。自卑是人生成功的大敌。下面的这些途径和方法，有助于帮助人们摆脱自卑，走向自信。

（1）突出自己

敢为人先，敢于将自己置于众目睽睽之下，需要有足够的勇气和胆量。当这种行为成为习惯时，那么自卑也就在潜移默化中变为自信了。记住，有关成功的一切都是显眼的。

（2）睁大眼睛

眼睛是心灵的窗口，一个人的眼神可以折射出性格，透露出情感，传递出微妙的信息。正视别人，是积极心态的反映，是自信的象征，更是个人魅力的展示。

（3）昂首挺胸

人们行走的姿势、步伐与其心理状态有一定关系。懒散的姿势、缓慢的步伐是情绪低落的表现。步伐轻快、敏捷，身姿昂首挺胸，会给人带来明朗的心境，会使自卑逃遁，自信滋生。

（4）练习在公众场合当众发言

有些人常常会对自己说："等下一次再发言。"可是他们很清楚自己是无法实现这个诺言的。记住当众发言是信心的"维他命"，尽量发言，就会增加信心。

（5）学会微笑

笑是医治信心不足的良药。真正的笑不但能治愈自己的不良情绪，还能化解别人的敌对情绪。真诚地向对他人展露微笑，别人就会对你产生好感，这种好感足以使你充满自信。

自卑者往往有着很强的自尊心和抱负，自我评价比较高。我们要全面、客观地认识自己，辩证地看待别人和自己。不要从自尊、自信者走向另一个极端，变成一个完全失去自信的人。

心理透视镜：在看到自己不如人之处时，也能看到自己如人之处或过人之处，伟人之所以难以高攀，是因为你跪着看的缘故。

三、不做"钻牛角尖"的傻瓜

章鱼没有脊椎，这使它可以随意穿过一个银币大小的洞。章鱼最喜欢做的事情就是将自己的身体塞进海螺壳里躲起来，等到鱼虾走近时，就咬住它们的头部，注入毒液，使其麻痹而死，然后美餐一顿。章鱼是海洋生物中一种可怕的动物，身躯却非常柔软，柔软到几乎可以将自己塞进任何一个想去的地方。对于海洋中的其他生物来说，章鱼是它们的天敌。

聪明的人类掌握了章鱼的天性，轻松地捕捉到了章鱼。渔民们将小瓶子用绳子串在一起深入海底。章鱼一看见小瓶子，都争先恐后地往里钻，不论瓶子有多么小、多么窄。结果，这些在海洋里无往而不胜的章鱼，却成了瓶子里的囚徒，变成了渔民的猎物，变成了人类餐桌上的美味。

是什么囚禁了章鱼？是瓶子吗？囚禁章鱼的是它们自己。它们固定着思维模式，向着最狭窄的地方走，不管走进了一个多么黑暗的地方，即使是走进了一条死胡同。

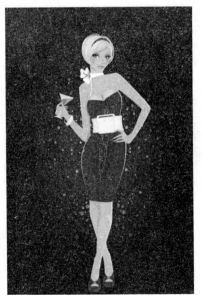

在人类的世界里，许多人的思想也如同章鱼。在遇到苦恼、烦闷、失意时，也一味地喜欢往"瓶子"里挤，结果使自己的视野变得越来越狭窄，思想也越来越失去智慧和光泽。

有一则脑筋急转弯是这么说的："一个人要进屋子，但那扇门怎么拉也拉不开，为什么？"回答是"因为那扇门是要推的"。

我们每个人在生活中都会不可避免地遇到一些烦恼和不开心的事情。当不如意的事情发生时，人们往往会不自觉地把事态放大，会想到不好的结果，放大的事态会使已经很糟糕的情绪随即演变成一个巨大的烦恼，这个烦恼如同影子一般挤压着心口，堵塞着思维。

坏情绪的特点是螺旋式下降，越想烦恼的事情就越生气，越生气自我感觉就越不好。这时烦恼和郁闷会将一个人的心境变得越来越小，小得只会往牛角尖里钻。就如同钻进瓶子里的章鱼，最终囚禁的是自己。

生活中，很多女人都觉得很累，为什么累？因为你太爱认死理、太爱钻牛角尖了。在人际交往中，必须要克服这一点，做一个容易相处的女人。

摆脱烦恼最简单的好办法之一就是跳脱出来，那么我们究竟应该怎么做呢？

（一）从多个角度考虑问题

钻牛角尖是做事从一个角度出发，由于受到我们思维定式的影响，单纯地从自己的经验或者目前的想法出发，考虑事物的一个方面或者仅仅一个侧面，认定了这个想法就具有相对的稳定性和不容改变性。克服的方法就是多角度思维，当钻牛角尖的现象出现时，立即从反方向来考虑问题。

（二）多做一些脑筋急转弯

打破自己的思维定式，让自己僵化的脑筋多转几个弯，不要局限在固定模式中走不出来。脑筋急转弯要求我们打破自己的某些习惯性的看法和想法，培养自己灵活的解决问题的能力。做一些脑筋急转弯的题目，对"钻牛角尖"的人有一定的帮助。

当遇到无法逾越的障碍时，不妨换一种方式。这就像面对一扇打不开的门一样，换一把钥匙，希望之门或许就会为你敞开。在生活中，我们也应该学会变通，学会在山穷水尽的时候，转换一下心情，说不定会"柳暗花明又一村"。

心理学家在研究中发现：当一个人重复想着同一个念头时，会让意念集中，从而能减少焦虑不安的情绪。这也验证了那句话：快乐是自己找的，烦恼是自己寻的。

心理透视镜：一味地向瓶子里挤，往牛角尖里钻，我们的思想变得就会越来越狭窄，越来越少光亮。遇事不钻牛角尖，人也舒坦，心也舒坦。

四、谦虚为人：没有人喜欢自负的人

我所在单位分来一批大学生，在新员工座谈会上，领导希望新来的毕业生们，在见习期内能够结合自己的工作多提意见和建议。

其中有一位学治理专业的小孙，非常积极地响应了领导的号召，不到一个月时间，就结合自己所学的专业，写出一份洋洋万言的建议书，从部门设置、工作流程、作息时间等很多方面，找出不少"毛病"，提出了改进意见。之后，领导在大会上好好表扬了他，他也认为自己的科班出身，在治理理论上比别人懂得多。

在以后的工作中，他壮志满怀，锋芒毕露，而四周的同事却对他敬而远之，渐渐地失去了好人缘，至于他在建议中提到的问题并没有什么改变。为此，他很苦恼，见习一年转正后，不久就辞职离开了单位。小孙有没有想明白问题出在哪里呢？

职场上为人处世一定要谦虚，不可自以为是、锋芒毕露，不分场合背景地过分显示自己。谦虚乃中华美德，谦虚并不会贬低自己的身份，相反，谦虚更能显出你的人品。

在职场上，一个合格的有能力的职场女性，在工作中无时无刻不想着表现自己光鲜的一面，但是一个合格的职场女性会更懂得谦虚做人，低调做人，高调做事！

谦虚的人，会给人以亲切感，更轻易取得别人的信赖，加上实际工作中适当表现出来的能力，就会赢得别人的尊重。

职场上学会对自己轻描淡写，"才美不外见"有时比表现自己的强大更为重要。谦虚的人能够给别人一种心理上的平衡，不至于让别人感到卑下和失落。谦虚可以在别人的"忽视"中一步一个脚印地前进。如同"龟兔赛跑"故事，谦虚的乌龟最终战胜骄傲的兔子一样，爬得慢，但会第一个到达终点。

如果你是一个领导，面对你的下属，表现得谦虚一点，将机会让给你的下属，从中发现他们的长处，调动下属的工作积极性，这样做会显得你更平易近人、和蔼可亲，你的大度不但不会让下属小看你，而且会让下属更尊敬你，将你当成他们的伯乐。

在职场之上，做一只谦虚的"乌龟"，会让你赢得更多。新时代的女人们，在社交活动中，如何才能做到为人谦逊不自负呢？

（1）自信而不张狂

女人的自信可变成一种人格魅力，深深地吸引周围的人。一个女人能够自信，无论她的外貌多么平凡，也会显示出她的流光溢彩。成功的女人，会通过自信把全部的美丽毫无保留地绽放出来。自信不是自大、不是张狂，是自我的肯定，是他人的赞赏。

（2）要有自知之明

在职场中，最重要的是有"自知之明"，知道自己的长处在哪里，短处在哪里，懂得扬长避短。任何人都需要了解深得自知之明之妙的谦虚。

另外一种谦虚是在你成为领导时，面对你的下属，表现得谦虚一点，将机会让给你的下属。

（3）谦卑并不意味着活在别人的眼光里

我们总是习惯性地看别人如何做，然后说服自己，你也能的。女人谦虚并不是处处要看别人的脸色行事。在职场上不能过分谦虚，谦虚过度会让领导发现不了你的能力，从而影响你的发展，所以，聪明的女性会把握好谦虚的度，真正的制胜职场。

心理透视镜：其实每个人的聪明才智都相差不大。要想在职场上成为优秀的一员，就要谦虚待人，诚心待事，把自己的视点降低。

五、那点小秘密，不要到处倾诉

我认识一个女孩，她是个刚毕业的大学生，天真的她认为只要真心实意地对待别人，别人也会这样对待自己。

她来自偏远的小山村，大学毕业后留在了城市，目前在一家广告公司做文案策划。刚来到公司，并不熟悉，她总是一个人。王大姐看她很孤单，总是主动跟她说话，有时还帮她解决工作上的一些问题。这让她非常感动，有什么事都爱跟王大姐说，与王大姐的关系也越来越好。

有一次，王大姐跟她抱怨："经理真是蠢，什么都不懂。"恰巧，当天她的文案没有通过，正在气头上的她也抱怨："就是就是，他就是个酒囊饭袋，什么也不懂，瞎指挥！"

实习期过了，她并没有留在这个公司。后来她才知道，原来她说的话都被王大姐告诉了经理。包括暗地里跟王大姐一起议论经理的事。

有人的地方，就一定需要用语言沟通。职场是个容易惹是非的地方。聪明的职场女性，要懂得说话、做事处处小心。要想在职场中风生水起，除了努力提高自己的工作能力之外，更要提高自己的职场修养，管好自己的嘴巴。

职场中的闲言碎语常会造成"说者无心，听者有意"的意外效果，千万别让它们成为你职场通行的障碍。聊天八卦也要有讲究，杜绝祸从口出的隐形危险。

人与人之间，交流必不可少，互诉衷肠可以加深彼此之间的情感，拉近心理距离。但在交往中要管住自己的嘴，不要到处倾诉你的小秘密，职场有些秘密是要保密不能说的。

职场女性，要学会适当收起自己的好奇心，真正聪明的人，会懂得既不随便说自己的秘密，也不对别人的隐私抱有好奇心。在与人交往时，要坦诚相待，但不能太过单纯，保留一些秘密，是保护自己最好的方法。那么什么是不能说的呢？

（1）财产状况

不幸福的生活都是比较出来的，女性这种不平衡的心理很容易被带到工作中，这不仅给自己带来了困扰，也给别人带来了伤害。在社交场合，无论是装穷还是炫富，都会显得做作。即使再有钱，也不要拿来炫耀，有些快乐，分享的圈子越小越好。被人嫉妒的滋味并不好受。与其讨人嫌，不如识趣一点，不该说的不说。

（2）私人情感

在职场，女性并不希望自己的感情被别人说三道四，她们只愿意自己一个人分享自己最美好的感情。"初恋"、"蓝颜"、"前男友"、"前老公"这样的词汇会让女人纠结，让女人辗转反侧。若想保护好自己的婚姻，就不要轻易地把它说出口。那不过是曾经的一段美好情感罢了。

（3）健康状况

法律禁止医院与人资部门泄露健康资讯。当他人发现你有或曾有过健康问题时，他们会改变态度——待你犹如病童或将你屏除生活圈。

（4）离职想法

当寻找新工作时，绝不能让同事知道。大嘴巴或恶意都可能将消息传入老板耳中。可能结果：真的离职前，你已经被炒，或是无声无息地被排斥。

（5）发泄情绪的网站

不少女性都在网络上有自己的小空间。假如你有使用社交网站表达你对私人生活或工作不满情绪的习惯，决不要让同事知道链接。最好清除浏览过的不雅网络言论，以及从今天开始停止这么做。

心理透视镜：很多人都喜欢在网上发泄自己的情绪，对工作抱怨或不满，或者在网上谩骂自己的上司，发泄者无心，但是看者有意！这样的言论传到上司的耳朵里就严重啦！

六、尖酸刻薄的女人讨人厌

一年前，公司来了一位湖北的女性，样子很温柔。起初，大家都很喜欢她，觉得她温柔可人，大家也都和平相处，互相尊重。可是，不到半年，她刻薄的一面就暴露无遗。她不但尖酸刻薄，而且刁蛮无理。

有一次，负责清扫的张大姐不小心把咖啡溅到了她的身上，从那以后，她竟然把张大姐看作仇人，在我们部门到处说张大姐的坏话。张大姐人比较和气，不跟她计较，她竟然得寸进尺，在经理那里告黑状。对这个心理阴暗、嘴上又不饶人的人，我们都忍无可忍。不到一年的时间她就辞职了。

在生活中，我们经常会碰到这样一些人：长着一张能说会道的嘴，却用错了地方——嘴损。尖酸刻薄，说话不讲情面，不给人留丝毫余地。在社交中，只要谁得罪了她，她就要鼓起如簧之舌，喋喋不休，不遗余力地对人极尽冷嘲热讽、恶毒攻击之能事。

一个人的嘴过于损，过于尖酸刻薄，其实是非常有害的，既害人又害己。社交场合中这种人会被视为小人。这样的女人更不会获得男士的好感。

女人可以丑，可以矮，可以自以为是，但绝对不可以尖酸，不可以刻薄。刻薄的女人，即使她有倾国倾城之色，有富可敌国之财，也得不到大家的喜欢和尊重。这类女人缺乏修养，她们心理阴暗，善于使用阴谋诡计。她们很难与人相处，跟她做朋友，必须出言谨慎，小心翼翼。一旦得罪她，她就会毫不顾忌情面地挖苦你。

作为职场女性，在人际交往中，如果你不想被别人讨厌，就一定要大度、真诚、宽容。如果你是一个口拙言笨的女人，怎么应对这种尖酸之人呢？

（1）别去逗惹她

如果这个人是你的同事、熟人，那你应与她保持一定的距离，别去惹她。即使这种人不阴不阳地编排你，你也要视而不见。

（2）逃离她

如果这个人是你的上司，她看不上你，对你整天横挑鼻子竖挑眼，觉得你是她眼里的沙子、肉中的竹刺，对你尖酸刻薄。你唯一能做的就是：不在她手下干了。惹不起躲得起。

（3）奉承她

这种人诽谤你，也许是你打心里没瞧上她，没把她放在眼里，属于孔子所说的那种"近之不恭，远之则怨"之人；如果你是她的上司，又想把这个部门的事做好，那你不妨跟她套套近乎、拉拉关系，让她知道你并没有看低她的意思，这样她也许就能管住自己的嘴巴了。

（4）退一步海阔天空

对待尖酸刻薄的人，我们不妨对她宽容一些。凡事退一步想，不跟她一般见识，避免伤了和气。

心理透视镜：没有人喜欢被人攻击，没有人喜欢被人奚落。在职场中，说话、做事还是要给自己留有余地。

七、演好自己在社交中的每个角色

霓虹灯光弥漫的城市，我旁边的一个女孩独自坐在一个角落里喝着闷酒。姣好的面容吸引了一位男士，他端着自己的酒杯来到这个女孩的身边。

这个女孩并没有拒绝这位男士的好意，对着陌生人，人们往往比较放松，她开始倾诉自己的心事。从工作的不顺心到婚姻的厌倦，这位男士一直非常绅士地倾听，同时不停地安慰她。

时间过得很快，她说完后，心情变好。她站起身，对这位男士说："非常谢谢你陪我，善良地开导我，现在我要回家了，我的老公还在等我，结婚时我们约定，不能把坏心情带回家。今天很高兴认识你。"

她坐上计程车，留下一脸错愕的男士。

每个人的一生都是一场戏，人在不断的成长和不同的经历中都会扮演不同的角色，从出生到长大，再到老去，我们都会扮演子女、学生、同事、恋人、爱人、父亲（母亲）、爷爷（奶奶）……许多不同的角色。

我们穿梭于不同的角色之间，对于高标准、严要求的现代人来说，更是如此。从管理心理学的角度来

说，运用社会角色管理，以不同的姿态面对不同的身份，更能"玩转"你的生活，打造快乐人生。

（1）面对工作，接受挑战

职场人是一个理性、成熟的角色，不能因为自己的好恶选择工作任务。要迎难而上，追求卓越，把每件事、每个人都圆融、周到地处理好，方为优秀。

（2）面对爱人，甘愿示弱

家庭不是比高低、争权力的地方，也不是发泄压力和情绪的垃圾桶。家需要用尊重和柔情来经营。累了可以在爱人面前适当示弱，倾诉自己的压力、委屈，让他知道你需要理解和安慰，这会让你得到更多关爱。

（3）面对孩子，放下"架子"

身为父母，恩威并重才能有效且省心。对于孩子的不良行为，坚决说不、不容姑息，但我们更需要平等地和孩子交流。放下家长的"架子"，多给孩子一些选择，比如"你现在睡觉还是十分钟后睡？"要比"睡觉时间到了！"效果好得多。

（4）面对父母，敞开心胸。

缔造我们生命的父母，永远是最关心、疼爱你的人。别再抱怨他们的衰老、唠叨，在他们面前，也不用有所保留，把你的心事、烦恼多跟父母说说，他们的人生经验和建议，一定会让你豁然开朗。

（5）面对朋友，彻底放松

每个人都会有一些知交好友，在他们面前，不用掩饰烦恼、伪装坚强。心情不快、遇到挫折时，不妨和他们见见面、打电话聊聊，交流生活的喜怒哀乐，会增强彼此的支持和幸福感。

（6）面对自我，摘掉面具

每个人心里都有脆弱的地方，如果自己的内心得不到关注，快乐也是表面、肤浅的。关爱自己，是心灵的加油站。当你疲惫、烦躁时，与其强颜欢笑，不如将自己暂时"隔离"，摘掉面具，彻底静心。

各个角色轻重不同，需要恰当地平衡。可口可乐前首席执行官迪森说："生命像是一场连续的抛球游戏，这五个球分别为工作、家庭、健康、朋友和精神。工作是橡皮球，掉在地上还会弹回来；但家庭、健康、朋友和精神却是玻璃球，掉在地上会不可避免地支离破碎。"我们在生活中扮演着形形色色的角色，你要明白你最该珍惜的是什么角色。

 心理透视镜：人与人之间是有区别的，我们不能刻意地要求每个人都一样，我们能做的是扮演好自己的角色，好好对待身边的每个人。

八、拔掉身上的刺，磨平不必要的棱角

我的同学蒙娅，一个身上或多或少也存在着软硬不一"刺"的外国人。因为失去男友的爱，所以她对男性产生了警惕心理，或者还有些厌恶。除了自己的爸爸，她在相当长的时期内有意识地拒绝与男子交流。在失恋后不久，她曾收到过其他男孩的示爱，但她总是很果断地回绝，毫不客气的态度让对方很没面子。

在人际场上，不是每个人的气场都是温和的。有一则关于豪猪的寓言，说的是一群身上长刺的豪猪，冬天到了，它们之间如果离得太远，就会觉得寒冷，而离得太近，又会被对方刺疼。请认真想一想，这个故事是不是非常形象地比喻了我们在人际交往中常常会有的一种体验：一旦我们刺到了别人，别人也将刺到我们。

我们每个人的身上都长着这样的"刺"，随时都会从体内伸出来，刺向一个不确定的目标，他可能是你的客户、朋友、亲人，也可能是你自己。

这些"刺"是什么呢？是受过伤害，或对

人际规则不熟悉，因此产生很强的警惕心，对别人的走近抱着防卫心理，来自那些或深或浅的不安全感、防卫心理、自卑、自负及傲慢与偏见。

有时，它常常没有缘由就会主动出击，刺痛走近你的人。如果你渴望与他人迈入深度的人际关系，就一定要勇于拔掉自己身上的"刺"。

只有拔掉"刺"，才有可能找到让彼此都感到舒服的相处方式，才有可能将陌生关系发展成深度关系，享受彼此心灵的一缘分，互相感受对方最有魅力的气场，以及获得幸福的人生体验。

那么如何才能拔掉身上的"刺"呢？

（1）喜悦

喜悦可以带来身心的愉快，让我们放松、平静。它往往过于短暂，转瞬即逝。要留住喜悦的能量，就不要马上拥有自己喜爱的东西，把拥有的时间推后，让喜爱的时间延长，就能让喜悦加倍增加。

（2）快乐

快乐是上天对我们认真生活的回报。快乐是最简单的生活感应，是人对生命的感恩，是生活的动力。每个人都有快乐的权利，任何人都无法剥夺。

（3）自信

自信就是相信自己，坚信自己的成功，也正视自己的失败。自信就像心灵的窗户，打开这扇窗，生命中从此不再有阴霾。

有一天你的棱角会被世界磨平，你会拔掉身上的刺，你会对讨厌的人微笑，你会变成一个不动声色的人。不再咄咄逼人地指出别人的错误，不再锋芒毕露地去跟别人交谈问题。即便矛盾冲突很大，也会在肯定甚至赞叹对方的基础上寻求共识，避免伤及对方的自尊。

职场女性们，要学会赞美。赞美，就像最有效的糖衣炮弹，既能够炸开对方的防御堡垒，又能给自己的气场加分。如果你愿意，随时都可以开始自己的第一次赞美！

心理透视镜：当我们身上不再有刺，连一根碍眼的头发丝都很难找到的时候，我们就会在忍耐中寻找到一条精神上的超脱之路，且行且珍惜。

第十章

CHAPTER 10

世事洞明皆学问
——社交中的心理原则

　　社会交往中，没有高低贵贱之分。相互间人格的尊重，友好和善的态度，亲切轻松的气氛，显得格外重要。平等、真诚、宽容、大度从来都是高尚的美德。而自命不凡、咄咄逼人、尖酸刻薄，或者搬弄是非、嫉妒多疑不仅是愚蠢的，而且是惹人厌恶的。

一、把别人当傻子的人才是真正的傻子

我的大学同学岳颖在一家汽车杂志编辑部工作,她是众多应聘者中最为出类拔萃的。谈话自然流畅,思维相当敏捷,她随身还带来了一叠厚厚的稿纸,是她自己先前创作的作品集。

面试结束的时候,她就追问面试官是否可以录用,之后她又发了几封邮件,她确实很重视这个工作机会。于是两周后,她坐进了公司的办公室。

汽车媒体的编辑平时工作时间QQ在线,这是很正常的事情。但是岳颖让同事开了眼——她上班的时候同时开着三个QQ。一个工作用,一个朋友用,一个闲聊逗贫用。岳颖似乎有充足的时间。每次同事从她身边走过,都能看见她以极高的工作效率向QQ消息窗口里面输入文字。

同事提醒她,应该排除干扰,专心自己的本职工作,第二天大家发现她安静多了,QQ也只开了一个,似乎整天在那里专心找选题。后来大家才知道,原来她启动了"预警系统"。每次听见他人的椅子响,她一敲键盘,各种窗口就全部缩小了。真是精明,知道用"老板键"。

从此以后经理会有意无意地站在她背后喝咖啡,跟其他同事寒暄时会"无意中"看见一些东西。但岳颖却并没有发觉此事。

实习期过后,岳颖没能留下来,人力资源部接到编辑部经理的消息:"尽快削减岳颖负责的工作,开始招聘新编辑。"

初入职场,我们都满怀激情,希望可以大展拳脚,展示自己的抱负。所以,我们总是想把自己最精明、最光鲜的一面示人。可是,你的聪明用对地儿了吗?

职场女性一定要有自觉,不要以为没有人监督你,你就可以不做,你不是小孩和犯人。领导办公室里是不是可以对工作间"一览无余"？就算不是，也没有关系。领导都是过来人，你现在用的这些小把戏，也许就是他发明的。不要以为你做什么，别人都不知道。

生活中，细心的女人们会发现，我们的周围似乎从不缺聪明人，可是人生需要的是大智慧而不是小聪明。你可能很优秀，内心有一种优越感，希望展露自己的聪明才智，但职场女性必须记住：耍小聪明并不是真的聪明，你若把别人当傻子，那么你才是真的傻子。

生活中，谁都希望自己是一个非常聪明的人，绝大多数人也都希望能够在众人面前表现出自己的聪明才智，从而得到人们的认可。但是，身处职场的女人们，你是否发现，在公司里，能力差不多的两个人，一个略显木讷，一个八面玲珑，往往略显木讷的人会得到很快的升迁。并不是上司看走眼了，而是八面玲珑的人小聪明太多，没有哪个上司会希望自己的下属不安分，反而略显木讷的下属会让上司安心。

职场中，不管是与上司还是同事间交往，都不要把别人看成傻子，一些看起来笨笨的，平时经常被欺负，谁骗他都相信的人，到了关键时候，这些人往往是屹立不倒的，甚至是占尽优势。在职场中，笨和聪明往往不是表面看到的那样。

聪明的职场女性应该明白，职场中别人看的往往不是你的成功，而是你的缺陷。一个缺陷可以抵消好几年的成果，所以自认为聪明的人不计后果地做事情，到最后自己却撞得头破血流。

平时看起来笨笨的人却不同，他们在做事的时候不冒进，不贪功，首先考虑的是安全。所以他们在做事时第一任务是藏好自己的缺陷，不让缺点暴露，即使事情做不好，也不会坏在自己的手中。于是他们就立于不败之地，他们不需要做成什么，只要看着聪明人一个个倒下即可。

所以职场里太过聪明的人都没有好下场。女人们，要学会做事要藏拙，做人要露怯。

心理透视镜：每个人都想表现得很聪明，但如果一个人老耍小聪明就成了一种愚蠢。在面对人生机遇时，切勿自作聪明，而要学学糊涂。

二、太过精明，会让对方产生警惕心理

我的邻居的女儿大学毕业后在一家公司上班，工作一段时间后，她发现专门负责活动的主管许姐似乎对她很戒备。原来是因为那次的策划活动。活动策划方案要最后定稿，大家聚在一起讨论方案的问题，她发现有一个环节有点小问题，大声提出："这个活动有商家赞助，是不是安排他们先露面？"别人都没有说话，许姐看着就不高兴了。她不紧不慢地说："一直以来，活动都是这么做的，没有出过什么问题，对于这些方案你懂多少？"

从那以后，许姐对她就冷淡了。

水至清则无鱼，人至察则无徒。一个人生活在人世间，必然离不开人与人之间的交往，而人的脾气、性格、习惯等千差万别。虽说聪明是好的，但是卖弄自己的聪明并非是好事。要明白，有时候糊涂更胜精明。

如果你真的想表现得比其他人更聪明一些，那么你就应该对自己有一个自知之明，没有必要总是向他人强调自己的聪明，更没有必要利用所有可利用的及不可利用的机会向众人表现你的聪明。在人际交往中，如果你想和别人搞好关系，受到别人的尊重，就要学会掩饰你的精明，该糊涂的时候糊涂，学会装糊涂是人生的一种境界。

让所有人都见识自己的聪明，在职场上并没有太大的好处。对老板而言，聪明不代表有能力。对上司而言，聪明代表着难管。而对同事而言，聪明代表着压力。糊涂的人，会故意收敛锋芒，把会引发别人嫉妒的光辉都掩盖起来。这么做，除了不会有装聪明的威胁外，还能令别人都小瞧他们，以为他们毫无威胁力。在职场上，这种小视恰恰是很致命的，在关键时刻，能够带来意想不到的效果。

职场中，要知道在"时刻保持清醒的头脑"的同时还要"难得糊涂"。

聪明女人们必懂的1000个 心理学常识（图解案例版）

（1）正事聪明些，小事糊涂些

正事有两种：一种是公司的正事，如本职工作、领导交办、公司目标等；一种是自己的正事，如合同、薪水、待遇、升迁等，对这些事都要清楚些；除此之外的事，可算是些小事，可以糊涂些。

（2）会上聪明些，会下糊涂些

开会属于正式场合，每个人的言论都要有记录，所以要清楚些，一定要想好了再说，表态要明确。会下属于自由言论，言论可糊涂些，不要轻易表态。

（3）工作聪明些，关系糊涂些

对自己的工作一定要清楚，钉是钉，卯是卯，不能含糊，"大概、可能、好像"尽可能不要说。处理人际关系上，变数很大，非常微妙，还是做和事佬，少表态，不背后议论他人，难得糊涂些好了。

（4）班上聪明些，班下糊涂些

上班多办正事，尽可能保持头脑清醒；下班言论放开，同事小酌话语偏多，要多糊涂些为好。

（5）想好聪明些，没想好糊涂些

职场上会遇到许多事情，对已经深思熟虑、想好的事，可表现得聪明些，提出自己的、有独特见解的意见和建议来；对突发的时间、自己拿捏不准的事情，要表现得糊涂些，不要轻易表态，等想好了后再提出自己的意见来。

> 心理透视镜：真正聪明的女人是大智若愚的代表。揣着明白装糊涂的效果一定会比你一语道破别人的小把戏与小伎俩效果要好得多。

三、多做少说，才能取信于人

我的好友是个勤奋好学的女孩子，在大学期间就很优秀，毕业后她爸爸把她带到一家贸易公司，安排在了管理层的岗位。对于她这个"空降兵"，大家颇有微词，"有关系就是好啊"。她听到这些心里很不是滋味，决定从基层做起。领导同意了她的请求。

她在大学期间虽然很优秀，可是来到公司，似乎并没有那么得心应手。一项业务，别人需要半个月，她可能就要一个月，甚至更多。这让她的同事们越发瞧不起她。于是她就更加努力，虽然很慢，可是她做的每件事情很踏实。

半年后，公司准备举行一场专业知识和业务能力考试，同时也为公司选拔储备干部。考试结果非常出人意料，平时少言寡语、慢吞吞的她得了第一名，直接进入管理层。这时候，她的同事才明白多做少说才是硬道理。她用实际行动使大家信服了。

敏于事而慎于言，少说，并不是让我们不说，而是让我们说该说的话，恰如其分地说话，不可胡说、乱说。身在职场，如果不能确定自己要说的话对别人是否有益，那就不如不说，在没有掌握详尽的公司状况前，埋头苦修是你最好的保护措施。在工作中，要多做少说、踏实做人。

在现实中，很多职场女性都容易犯一个错误，一打开话匣子就止不住了。一些职场菜鸟往往急功近利，总想着表现自己，稍有一些成就，就到处宣扬，可能他根本就没有想到，事情只是刚刚开始，接下来的工作还有很多。

进入职场，每个人都是相对独立的个体，都有着自己的隐私。很多人喜欢发牢骚，却不知，有时不经意的一句话就可能把你卷入复杂的人事斗争中。所以，在同事之间交流时，你必须让自己变成一直貔貅"只进不出"，凡事听听就好，千万不要随意传播。

工作，是你融入新的环境中最好的方法。通过对工作内容的请教、配合，在交流中很容易便和同事熟悉起来。多做是好事，但并不意味着盲目去做，需要对自己的工作有一个合理的认识，然后在此基础上做一个详细的规划。同时，工作中对每一项任务、每一个细节，都要高标准的要求自己，在最短的时间内把工作做到最好。工作中最重要的是勤恳做事，踏实做人。

刚刚走入职场的年轻女性，一定要学会多做一些，因为只有这样做你才会比别人更好，也比别人学的更多。

（1）多做一些什么

多做一些对自己和别人都有意义的事，比如，同事没有完成的任务，可以帮助他一下；上司需要人手帮助，要主动帮助一下；即使不是你的工作范畴，在没有人做的情况下你也要主动去做。

我们多做一些的目的不是为了讨好上级，只是为自己多学一些东西，来增长自己的能力和为日后的发展铺好道路。多做就是做到"三勤"，即眼勤、脚勤、手勤。

（2）多做一些是主动做，而不是被动做

主动是积极的行为，被动是消极的行为；主动会赢得别人对你的尊重，被动会取得别人对你的不满，所以我们要学会主动做事，不论是为别人还是为自己，主动、积极是成功必备因素之一。

（3）敢想敢做

敢想是要有高尚而明确的人生目标，要有非常强烈的希望。敢做是要人必须有冒险精神，必须敢于去做，畏险拖延永远不可能成功。

我们在追求目标的过程中要勇敢地面对各种挫折与失败，不可半途而废，应该越挫越勇，不达目的誓不罢休。

敢想敢做需要我们，不唯唯诺诺、不依靠任何人，靠我们自己，一旦明确方向后就敢打敢拼，敢于向高难度挑战。

 心理透视镜： 身在职场，要想成就自己，就要谨记这一法则：少说多做。成功是务实绽开的花朵，只有多做少说、脚踏实地地工作才会取得最终的成功。

四、先袒露内心，有利于你了解别人

我的一位学妹是一个刚走出校门的大学生，来到新的环境很不适应，同事之间还不熟悉，为了能更快地融入环境，她决定主动和同事打成一片。

趁着午饭的时间，她和同事子钰聊了起来。由于刚认识，子钰表现出很强的戒备心。两人象征性地聊了聊天气、聊了聊空气质量，便没了话题。她怎么甘心让拉近心理距离的好时机溜走呢。

于是她接着说："今天早上我办了一件特别糗的事，我吧，方向感不好，昨天晚上去表姐家吃饭，马上就到了，转个弯竟忘了怎么走，自己又不好意思问，只好打了个车，司机很惊讶地看着我，调了个头，起步就停下来了。就在马路出口的斜对面啊。哈哈。"

子钰笑着说："这还没什么，你知道吗，我经常坐反车。有一次，从市区回家，因为我是第一次坐那趟公交，跟着感觉我就迷迷糊糊地上车了。居然还有座位，我当时特别累，坐下后就开始睡觉。然后悲剧就发生了！我在司机师傅的提醒下睁开了蒙胧的双眼，往外一看——"终点站不是××小区吗？"我冲司机师傅脱口而出。然后我看到一副极度鄙夷的神色——你坐反了。当时太丢人了。"

之后她和子钰的话慢慢多起来，子钰也不那么矜持了。两人年龄相仿，聊到高兴时，两人还会没心没肺地哈哈大笑。她也不再感觉孤单了。

在人际交往中，如果希望双方能进一步的了解，那么就需要我们先敞开心扉，先暴露一些自己的小缺陷，更显得真诚和可爱，也有助于打消对方心里的戒备。对方的戒备心松懈，你就能迅速地和他拉近心理的距离。

对方感觉到你的真实了，就会慢慢地敞开心扉。在向对方暴露自己缺点时，要注意什么呢？

（1）暴露自己无伤大雅的事

闲暇时，可以与同事聊一些自己失败的事，总是炫耀自己的成功，容易让人产生反感。同时还要对等，当一个人暴露过度时会给对方带来很大的威胁和压力。与对方相当，才能使对方产生好感，拉近彼此的距离。

（2）自我暴露应循序渐进

自我暴露必须缓慢到相当温和的程度，要在不伤及大局的情况下进行，缓慢到足以使双方都不感到惊讶的速度。如果过早地涉及太多的个人亲密关系，反而会引起忧虑和不信任感，对方会认为你不稳重、不敢托付，从而拉大了双方之间的心理距离。

（3）自我暴露不可强求

对于任何人，无论关系多么亲密，人们都有不愿意暴露的领域。因此，我们没有理由因为关系亲密或者是情侣、夫妻、亲子关系而要求对方完全敞开心扉，更不能任意侵犯对方所不愿意暴露的领域。否则，对方会产生强烈的排斥情绪，从而导致对你的接纳性大大降低。

（4）应分清场合、对象

有的人不分场合，不看对象，自以为坦率，把自己的一些私事在公众场合公开，结果反而让人轻看自己，得不到应有的尊重。一定要分场合、分对象，因时而异，因人而异。

（5）暴露缺点忌埋怨人

在暴露缺点时，不要暴露别人，这样会让别人感觉你在怨天尤人，不会处理人际关系。这样的坦诚并没有换来别人亲近，反而让对方的戒备心更强。

（6）充分了解对方的背景、爱好与需求

有针对性地和有准备性地暴露效果会更佳。

 心理透视镜：自我暴露存在性别差异，一般而言，女性喜欢作更多的自我暴露，而男性相互之间的暴露则相对较少。

五、赞美但不奉承的处世之道

我公司里的张小姐和王小姐素来不和。有一天，张小姐忍无可忍地对另一个同事李先生说："你去告诉王小姐，我真受不了她，请改改她的坏脾气，否则没有人会愿意理会她！"

李先生回答："好！我会处理此事"。

以后，张小姐每次遇到王小姐时，王小姐果然是既和气又有礼貌，与从前相较，简直判若两人。

张小姐向李先生表示谢意，并且好奇地说："你是怎么说的？竟有如此的神效。"

李先生笑着说："我跟王小姐说'有好多人赞美你，尤其是张小姐，说你又温柔又善良，脾气好，人缘佳！'如此而已。"

要建立良好的人际关系，恰当地赞美别人是必不可少的。每个人都希望得到别人的赞美和赏识。赞美是一种说话的艺术。正确运用这门艺术，会使被赞美者心情愉快。

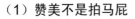

职场女性要知道，要想赢得上司的青睐和同事间的和睦，赞美是最有效的办法。

（1）赞美不是拍马屁

在办公室里，有些人的"赞美"总让人感到反感。他们总像套着一个副面具，不分场合和时间，巴结他遇到的每一个人，什么过头的话他都说得出口。

赞美别人不是工作的全部，只是为了建立良好的人际关系，使自己的工作得以顺利完成、目的得以顺利实现的一种方法。过分的赞美就变成了奉承，让周围的人感到反感、厌烦。

（2）赞美是一种美德

一般人往往容易注意别人的缺点而忽略别人的优点及长处。在办公室共事，发现别人的优点并给予由衷的赞美，就成为办公室难得的美德。无论对象是你上级、同事，还是你的下级或客户，没有人会因为你的赞美而动气发怒，一定会心存感激而对你产生好感。

（3）不要立即表示赞同

对别人的意见不要立即表示赞同，给自己一点时间，表现出你的谨慎和细致，然后给别人进一步表明意见的机会，让他们说服你，这样你的赞同就会显得更具有价值。

（4）任何场合、任何人

在任何场合，对任何人，都要用适当的方法加以赞美，你可以把它看作是对未来的一笔投资。哪怕是别的部门的领导，或者是你所厌恶的人，也应该对他们的长处加以赞赏，这一样会给你带来回报。

（5）赞美不仅仅是说好话

问候、商量、关心、敬重的口吻同样是赞美。如果你不相信对方，认为对方不值得赞美，就不必去赞美，虚伪的赞美会将自己引入无法摆脱的困境，而对方也会觉得你在嘲讽而不是赞美。

在职场中，唯有赞美别人的人，才是真正值得赞美的人。赞美应该是发自内心的真诚的赞美，是自然而然的善意的行为，不需要你绞尽脑汁，处心积虑，也不需要你处处小心。

巧妙地运用赞美手法，可以让上级欣赏你，让同事帮助你，让工作得以顺利完成，营造一种和谐的办公室气氛，同时又不失自己做人的尊严和修养。

 心理透视镜：赞美必须是真诚的，真诚的赞美会让人充满自信，得到积极向上的力量，会让枯燥乏味的生活大放异彩，会让人们容光焕发，心情舒畅，增进彼此间的情谊。

六、给他人面子，就是给自己面子

我的同事赵琼是个很热情又乐于助人的人。但是她爱张扬，帮助人后总是有意或无意地让人知道，让大家觉得她能力很强。

有一次，同事小琴被工作中的一个难题难住了，眼看着还有两天的时间上司就要来检验工作成果，小琴急坏了，只好找赵琼帮忙。工作经验丰富的赵琼很快帮助小琴解决燃眉之急。小琴按时并出色地完成了工作，并因此得到了上司的表扬。

听说小琴得到了上司的表扬，赵琼不乐意了，心想，没有我的帮助，她哪能解决这么大的难题？上司最应该表扬的人是我。基于这种想法。赵琼便私下向几个同事讲出了她帮小琴完成工作的事情，并讲明小琴根本没有能力解决那个问题。小琴知道了这件事后，非但不感激赵琼，反而有些怨恨她，因为她担心同事和上司会怀疑她的工作能力。

可是赵琼却发现，尽管自己很热心，但大家似乎并不乐意得到她的帮助。

大家之所以不愿意得到赵琼的帮助，是因为她给人好处后爱张扬，让人觉得很没面子，所以大家并不想找她帮忙。

中国人向来把"面子"看得很重要。面子涉及一个人的尊严、地位，甚至是某些人虚荣心理的客观需要。行走在职场中，每个人都渴望得到面子。己所不欲，勿施于人，从这个角度上来讲，自己要想得到面子，就需要学会给别人面子。

聪明的人会将自己的得意放在心里，而不是放在嘴上，更不会把它当作炫耀的资本。

如果你是个只顾自己面子却不顾别人面子的人，那么必定有一天你会吃暗亏。其实，给人面子并不难，也无关乎道德。大家都是在人性丛林里讨生活，给人面子基本上就是一种互助。时时刻刻注意为别人保住体面和尊严，才不会被人讨厌，才有可能真正被人接纳，找到成事的切入点。尤其一些无关紧要的事，你更要给人面子。

在职场中，给别人面子，能营造融洽的人际关系氛围，因此，学会怎样给别人面子是十分重要的。

（1）了解别人的欲望所在

每个人都有自己的欲望与偏好，如果我们能够满足他最强烈的欲望，那么就给了他最大的面子。一旦满足了别人最在乎的方面，造成的效果往往出奇的好。

（2）不要吝啬赞美

人们多数都喜欢得到别人的赞誉之词，一旦得到，他们的心里就会充满喜悦之情。你只需夸奖别人的优点和长处，或者将别人的优点和长处稍微扩大一些，他就会感到自己脸上有光，感觉很有面子。

（3）给人"衣锦还乡"的机会

一个人衣锦还乡，就是要将自己的地位、成就、荣誉等值得炫耀的东西展示给自己的亲戚、熟人和朋友，在他们面前表现自己的优越感，从而得到他们的肯定、羡慕和赞赏。正因为多数人都有"衣锦还乡"的心理需要，所以给人提供"衣锦还乡"的机会就是在给别人面子。

（4）把在公开场合露面的机会给他

多数爱面子的人更愿意在公开场合露面，在公开场合露面，他会成为大家关注的中心，个人的知名度就会扩大。同时，在公开场合露面，也常常意味着一种社会地位和影响力，往往会让他感到脸上有光。

心理透视镜：聪明的女性要懂得照顾对方的颜面，尽量避免在公众场合使人难堪，不要做出任何有损他人颜面的事。

七、尊重他人才能获得尊重

我的一位外国朋友亨利·汉克是印第安纳州一家卡车经销公司的服务经理，他的手下有个名叫比尔的技术工人，不知道什么原因，近来工作业绩每况愈下。

如果是其他老板，一定会大发雷霆，严加申斥。可是，他并没有对比尔吼叫或是威胁他。而是把他叫到办公室里来，跟他坦诚地谈了谈。

他说："比尔，你是个非常棒的技工。你在这个岗位上工作也有好几年了，你修的车子也都很令顾客满意。其实，有很多人都称赞你的技术好。可是最近，你完成一件工作所需的时间却加长了，而且在质量上也比不上你以前的水准。你以前真是个杰出的技工，我想你一定知道，我对你目前的状况的确不太满意。也许我们可以一起来想想办法，尽快改变这种局面。"

比尔回答说，他并不知道自己没有尽好职责；并且向他的上司保证，他所接受的工作任务并没有超出自己的专长之外，所以今后一定会尽快改进它。

果然，比尔说到做到，工作业绩迅速提升了。更重要的是，是他上司给他的尊重和坦诚促使他去努力，使他决不愿意再做不如过去的事。

人类行为的一条重要法则就是："尊重他人，满足对方的自我成就感，那么对方就会尊重你并满足你的需要。"实用主义哲学家杜威说："人类最迫切的愿望，就是希望自己能受到别人的重视。"

每个人也都应当获得他人的尊重。承认对方的重要性，并由衷地给对方以尊重，就能化解许多冲突和紧张。只要你能随时随地尊重他人，就会为自己的人际交往带来神奇的效果。

人与人之间的交流，都应建立在真诚与尊重的基础上。生活中，无论你是个多么不平凡的女人，都应该平等地对待他人，人生而平等，每个人的人格都是平等的，没有贵贱之分。人唯有尊重他人，才能尊重自己，才能赢得他人对自己的尊重。

尊重他人不仅仅是一种态度，也是一种能力和美德，它需要设身处地地为他人着想，给他人面子，维护他人的尊严。尊重他人就是尊重自己。那么怎样尊重他人呢？

（一）真正做到尊重他人

真正做到尊重他人，就要善于站在对方的角度，感同身受，推己及人。

（二）要善于欣赏、接纳他人

与他人相处时，能由衷地欣赏和赞美别人的优点、长处，允许他人有超越自己的地方。

（三）尊重别人即不伤害别人

不论这种伤害是恶意的还是善意的，是有意的还是无意的。

（四）不做有损他人人格的事情

对于他人的缺陷和缺点，我们不能取笑和歧视。

"己所不欲，勿施于人"，生活中，每个人都有自尊，都需要得到别人的尊重，所以，我们在生活中要学会彼此尊重。尊重他人的人，才能赢得他人的尊重。

心理透视镜：有的人喜欢不加掩盖地直言别人的缺点、弱点、短处，这样做往往伤害了对方的自尊，甚至会埋下怨恨的种子。

八、真诚宽宏，才能交到真朋友

我的两位同学丹丹和小惠准备一起考研,周一早上丹丹就去图书馆学习了,看到有很多的空位子就想给小惠占一个座位,这样的话她们就可以一起学习了。

于是丹丹给小惠发信息，让她来图书馆的时候多带一些书来。图书馆的人渐渐地多起来，丹丹怕座位被占完，于是她很着急地跑回宿舍，想让小惠快点去图书馆。结果发现小惠正趴在晓阳的电脑旁，丹丹喘着粗气说："小惠，快走，图书馆的座位要被占完了。"小惠就像没听见一样，没有理会丹丹。丹丹耐着性子让小惠给她几本书，她自己去图书馆，先把座位占了。得不到小惠的反应，丹丹就急了："你到底走不走啊？"小惠转过身，冷漠地说："不走。"

丹丹觉得很伤心，自己什么事都想着小惠，她那么珍惜她们彼此的友谊，可是却换来小惠的冷淡。后来小惠意识到自己的错误，主动找丹丹道歉，丹丹却没有原谅小惠。渐渐地两个人越走越远。

大千世界，人与人是不同的，每个人都有自己的性格、脾气。当有些事情让你不舒服时，试着去包容吧。对别人无意的伤害给予宽容，对别人偶尔过激的言辞给予理解，对别人的另类给予尊重。

很多时候，我们在与朋友之间的交往中，会不自觉地把对方犯的一些小错误放大，也许这并不是朋友的错，只因为我们错误的心态，只要我们宽容一些，没有什么心结是解不开的。

宽宏大量是人生的一种修养，面对世事沉浮，想要"胜似闲庭信步"，就得有宽宏大量的襟怀。聪明的女人懂得，以恕己之心恕人，以责人之心责己。

第十章　世事洞明皆学问——社交中的心理原则

163

生活中我们要宽宏大量，不计较小事，不计较个人得失，心宽为乐。宽宏大量是一种美德。与人为善，与己为善。那么如何做到宽宏大量呢？

（1）换位思考

换位思考就是寻找利人利己的双赢办法，学会换位思维，站在不同的角度上思考问题。智者拿别人的智慧充实自己的头脑，愚者拿别人的烦恼折磨自己。多一份舒畅，少一份焦虑。多一份快乐，少一份悲痛。

（2）学会理解

"始忍于色，中忍于心，久则自熟，殊不与人较"，一个人活着，最重要的就是善待自己，任何人都会犯错误，要勇于原谅别人的错误，不要一直抓着别人的缺点不放。

品德高尚、善解人意的人，会以一颗包容、理解、友好的心去善待身边的每一个人，与人用心交往，坦诚相待。

（3）得饶人处且饶人

一个宽宏大量的人，爱心往往多于怨恨，且性格乐观、愉快、豁达、忍让。做人要学会大事化小，小事化了，把复杂的事情尽量简单处理，千万不要把简单的事情复杂化。"得饶人处且饶人"这些思想处处体现出中国人宽厚仁慈的品质。

（4）坚持豁达大度

"心旷，则万种如瓦缶，心隘，则一发似车轮"。豁达是一种境界，豁达大度、胸怀宽阔是一个人有修养的表现。以宽宏大量和豁达大度去容忍别人和容纳自己，遇事想得开，看得透，拿得起，放得下；得之淡然，失之泰然。

（5）心胸开阔，通情达理

海纳百川，有容乃大。人最大的本事在于能"容"。人不仅要大山的精神，更要有大海的胸怀。人人都会犯错误，原谅了别人就等于原谅自己。否则，与他人的关系将会更加紧张，自己的心情也会越来越糟糕。

心理透视镜： 用一颗宽容的心去接纳别人，会赢得友谊，还会使家庭和睦。你对别人的宽容，实质是对自己的宽容。

第十一章
CHAPTER 11

以心换心，圆通有术
——女人要懂的交友心理学

友情是珍贵的，而真正的友谊是用心感受，用心去传递的。生活中，并不是所有的人都能与你成为好朋友。因为每个人都有自己各自的人生态度、处世方式、兴趣爱好和性格特点，朋友是一种心灵的感应，是一种心照不宣的感悟，是一种心灵的沟通。友情，需用心去经营。

一、职场友谊，把握好"度"

我的邻居是一家广告公司的行政人员。她与另一位女孩小伶年龄相仿，大学主修的专业也一样，并且都不是本地人，在她们俩成为同事之后，诸多的共同点让她们很快走到了一起。

她和小伶都是一个人租房住，太晚回家难免有点害怕。所以两个人决定一起住。就这样，一段友谊拉开了帷幕。

她和小伶每天一起上班，一起下班，一起喝奶茶，一起吃夜宵，回到房间还要一起聊天。她觉得，大家都这么熟了，话题也没有什么忌讳，就向小伶发牢骚说："咱们那个顶头上司，脾气特别大，让人有点受不了。"

去年春天，科室里有一个去国外学习考察的名额。会上，大家都推荐她。散会后，领导找到她，交代了一些出行事项，让她可以提前准备起来。但是第二天下午，事态就变了。领导找到她说，关于出国考察的人选，组织上还要重新商量一下。那天晚上，她在小伶面前难掩失落。小伶听她倾诉完，只轻描淡写地问了一句："最后定下来谁去了吗？"

后来，领导在一次会议上还特意提到了这件事："小伶人品优秀，工作能力强，组织上考虑让她出去参加学习。年轻人，应该把心思放在提高业务水平上，而不是成天抱怨这个领导脾气大，那个领导难相处。应该多从自身找原因……"说完，意味深长地看了她一眼。

从此之后，她便自动疏远了出国归来后的小伶，两个人之间越来越冷漠。

友谊，总是与"纯净"、"和谐"、"美好"、"幸福"联系在一起。但是，有这样一种友谊，它时刻会面临来自利益与竞争的考验，这种友谊，发生在一个特殊的环境中，它就是——职场上的友谊。

当结识一个新朋友的时候，那只是你们友谊的开始，如果想要这段友谊维持下去，就必须要懂得和朋友相处的方式，也要把握和朋友相处的分寸。交朋友是两个人的事情，那么，和朋友相处时怎样把握好分寸呢？

（1）朋友有自己的路要走

朋友也是一个独立的个体，对于他们的一切都要愉快地接受，绝对不能因为在某方面比自己优秀而感到烦恼，也不能因为朋友某些方面存在着缺点而远离他。每个人都有自己的路要走，也都有自己的缺点和个性，如果朋友的观点和喜好与众不同，那么请尊重他不要试图改变她。

（2）对待朋友要忠诚

忠诚也就是说要和朋友"同甘共苦"，互相信任，不在背后诽谤朋友，更加不容许别人这样做。当然，如果朋友之间缺少了其中的任何一项，他们之间就谈不上什么忠诚。

（3）要经常称赞并鼓励朋友

当朋友觉得自己一无是处的时候，你可以告诉他，你最欣赏他身上的优点；当朋友为自己的错误而懊恼的时候，你可以告诉他，他已经做得很好了，如果换成是别人可能还做不到这个程度；当朋友觉得自己活得没有价值的时候，你可以告诉他，正是因为他在你生活中的出现，你才活得精彩。

（4）朋友之间要平等对待

朋友之间没有尊卑之分，也没有什么等级之分，朋友之间是互相平等的。真正的朋友之间不会有高人一等或低人一等的情况发生，真正的朋友之间是绝对平等的。

（5）结交新朋友，不忘老朋友

每个人的生活环境和工作环境都在不停地变化，朋友圈子里当然也会随之变化。人就会有老朋友和新朋友。在交了新朋友之后，不应该忘了老朋友。老朋友最懂得自己的性情，也最清楚自己的想法。

心理透视镜：职场中的友情，时常面临竞争和利益的考验，职场的友谊之花是否能够常开不败，那就取决于彼此之间的性情、外部环境等一系列因素。

二、帮朋友守住秘密，他才会对你信任有加

我的一个朋友刚入职场时比较天真，因此她的同事赵敏很喜欢她，在工作和生活中很照顾她。一来二去两人变成了好朋友。有一天她去赵敏的办公室叫她一起吃饭，在办公室门口听见赵敏在电话里和丈夫吵架。她赶忙退出去，并顺便替赵敏把门关上。第二天在食堂里碰到上赵敏，她就多嘴问了一句"没事了吧"，赵敏的脸色立刻变了。

她不解，回去和同事提及此事，同事说："个人隐私当然不希望别人知道了。你看到的又不是什么好事。"不料，这个同事是公司的大喇叭，改天全公司都知道赵敏和丈夫闹矛盾了。

每个人心中都有秘密，有的秘密经过时间的洗刷，可以风轻云淡地谈及；

而有的秘密，可能是他未愈合的"伤口"，并不愿让他人知晓。

人与人交往，贵在交心，朋友之间更是如此。两个人的交往是由信任来维系的，如果她（他）将她（他）的秘密告诉你，你一定要珍惜她（他）对你的信任，帮她（他）守住秘密。想让朋友信任你，首先我们要做一个值得信任的人。

其实有些秘密可以谈，但关键是怎么谈。不是所有私密话题都适合和别人分享，话题选择不妥当可能会带来一些麻烦。处理不好会让人觉得你口无遮拦、办事不慎重。如果再被有心的第三者听到，那后果可能严重到影响你的个人口碑了。

打开心门是不易的，更何况，朋友所讲的点点滴滴还是自己的伤痛。朋友在我们的生活中占有很大比重，那么该怎样做才能取得朋友的信任呢？

（1）信守诺言

信守诺言是最基本的取得信任的方式。答应的事情要做到，做不到的不要轻易承诺。

（2）倾听他的心声

成为朋友倾诉的对象很容易拉近你们的距离，倾听朋友的心声，帮助他

走出思想困境一定会从感情上为你加分。

（3）换位思考

作为朋友，应当学会换位思考，了解他现在最需要什么，也许只是一句简单的安慰，却能为其点燃生活的希望，而他也会为此更加信任你。

（4）帮助他

在朋友有困难的时候尽自己所能帮他一把，朋友在这个艰难的时刻是十分需要帮助的，哪怕只是一句安慰的话也是珍贵万分的。取得朋友的信任其实很简单。

聪明的女人要懂得，维护朋友之间的友谊信任最重要。因为有些秘密一旦被别人揭发，会涉及拥有秘密本人的颜面，对于朋友的秘密，一定要守口如瓶。

职场中，秘密关乎事业的成败，不管涉及的隐私属于公司私人还是公司事务。女人身处职场，要懂得"管好自己的嘴巴"，不要让别人认为你是个八卦的人。尽管职场中是不可能会有秘密的，但还是少说为妙。

对于公司传播的隐私，最好不要参与，有些秘密是未明确的事情，真真假假，都是说不准的事。赶上哪天倒霉，背黑锅的人就是你！

心理透视镜：无论何时，对待秘密一定要管好自己的嘴巴，不管是朋友的秘密还是公司职场的秘密，守口如瓶就对了。决不可一时激动就泄露出去。

三、与比你优秀的朋友交往，多表达钦佩之情

我的一个小学同学小俞和阿娇是多年的搭档，同是学习设计的她们一起进入了现在的房地产公司。她们一起跑工地、租房子、吃盒饭、忙加班、研究设计……当老板提拔阿娇当设计部经理时，她并没有觉得心里不舒服，看着姐们越来越好，很开心。在后来的日子里面，两个人的合作一

直很好，小俞感叹道："别看当经理风光一点，担子更重，项目在哪里，她就得到哪里。她跟着项目跑，我呢，跟着她跑。"

阿娇则认为，两个人从进入公司就一直合作，很有默契，小俞业务能力也强，只要是自己接手的项目，一定会带上她。对于工作，她们通常开诚布公，有什么不合的一定直言不讳，遇到小俞做得不好的地方，阿娇照样会严厉地批评她。业余时间，她们还是一起吃夜宵，一起自驾游，和以前没两样。

10年的合作，升迁的变化，并没有改变这段友谊的颜色，反而随着时间越来越深厚，合作的项目也非常成功。

女人们，无论是在生活中还是身在职场，应努力结交一些比你优秀的人做朋友，多与一些职场精英结交，能帮助我们开阔眼界，激发我们奋发的心。朋友是生命中不可缺少的重要元素，朋友对人生有很大的影响。

与优秀的人交朋友，我们也会变得优秀，与什么样的朋友相交，就会有什么样的命运。对待那些优秀的朋友，不要吝惜自己的钦佩之情，多学习他们积极向上的态度，这样能获得对方的好感。

每个人都愿意听好听的，表达钦佩之情时要有分寸，不流于谄媚，不伤人格，这样定会博人欢心。

钦佩的语言对人际沟通、维系良好关系会产生重要的作用。它不仅是调整心灵的润滑剂，而且，让别人听了除了舒服之余，还不会让你降低身份。

适当地恭维能取悦人心，如果你对他人说出恭维的话，并且能恰如其分，对方一定会十分高兴。但是钦佩的话说得不能过多，多了对方会不自在，觉得你是虚情假意、逢场作戏，从而不信任你。在谈话中频频夸对方"好聪明"、"好有能力"，对方频频表示客气，往往使谈话无法顺利进行。如何适当地表达钦佩之情，是与人沟通的重要课题。

（1）钦佩的话要坦诚得体，必须说中对方的长处

人总是喜欢被夸赞的。即使明知对方讲的是奉承话，心中还是免不了会沾沾自喜。在表达钦佩之情时，要有一份诚挚的心意及认真的态度。言词会反映一个人的心理，因而轻率的说话态度，会让对方产生不快的感觉。

（2）放低自己的姿态

在与比自己优秀的人交往中，一定要注意自己的态度，切不可颐指气使。高谈阔论、锋芒毕露、咄咄逼人，容易挫伤别人的自尊心，引起反感。

（3）大方承认别人的优秀

为别人叫好，非但不会损伤自己的自尊心，还会获得友谊与合作，在对方面前，体现我们的大度与真诚，真心地赞美他们，肯定他们，在提升自我的同时，赢得友谊。

（4）背后表达钦佩之情更好

当面表达钦佩，可能会让对方认为你是在恭维他，很容易招致他的反感。在背后表达钦佩之情，不会让人觉得你是在阿谀奉承，不是假情假意或讽刺奚落，而是在真心地赞美他，这种来自背后的赞美，会使他人感到真诚、感到振奋、感到甜蜜。

心理透视镜：过度的钦佩，会拉开彼此的距离，更会让他对你产生防范心理，言不由衷的钦佩，更是毫无沟通效果可言。

四、平时关心朋友，危难时刻朋友才会伸出援手

我的邻居宋梅和阿容，从小一起长大，后来宋梅家做生意积累了一些钱搬到了城里，但是两人并没有因此断了联系。两人还上了同一所中学，宋梅看到阿容带的午饭里只有白水煮菜。为了让阿容吃好，又不伤害她的自尊心，每次宋梅都多带一些午饭，吃饭的时候宋梅就对阿容说："阿容，你替我吃一点，我在减肥。"看着阿容渐渐红润的脸，宋梅很高兴。

很多年过去了，两人已经大学毕业，可是这丝毫没有影响到两人之间的感情。宋梅刚参加工作不久，宋梅的爸爸就病倒了，家里的情况一落千丈，

高昂的医药费让宋梅一筹莫展。

阿容不动声色地给宋爸爸的医疗费上充了 5 万元，这对于阿容来说并不容易，宋梅知道后感动得热泪盈眶，阿容却说："你为了让我吃好，又不伤害我，骗我说你减肥，结果我胖了你却瘦了。你做的我都知道。"两个好朋友哭着抱在一起。

我们每个人都需要关心，但是我们每个人又都关心过别人吗？人的一生要经历很多事情，遇见很多人。总有一些人，你会喜欢和她（他）在一起；总有些人，你会想念和她（他）在一起的日子。

关心一个人是甜蜜的幸福，被人关心是世界上最美妙的幸福，我们很多时候都希望别人关心自己，渴望别人的关爱胜过自己关爱别人。友情需要付出，你想让别人怎么对待你，你就先怎样对待别人，想得到回报就必须先学会付出。任何一个渴望获得友谊的女人都应该多关心别人。

人际交往中，主动付出是人情投资的一种表现。一个人不管他有多聪明，多么能干，不懂得怎么关心别人，他一定是失败的。不懂得关心别人的人也得不到别人的关心。

朋友是最可靠的资源，有了朋友，人生这条路，我们走得会更顺利，真正的友谊是患难与共的，要获得真正的友谊必须先付出。帮助朋友，日后朋友才会帮助你。如果你能在朋友失意时伸出援手，那么你很快就会赢得人心、建立良好的人际关系。

关心朋友是一种学问，如何恰到好处地关心朋友呢？

（1）学会施于人，不计较个人得失

社会上，不公的事常有，不敬的人也常有，面对不公、不敬，如果仍能以大义为重，不计较个人得失，这样的人肯定会永远赢得人们的尊重和敬仰。

（2）学会续零为整

在朋友有难时，不要吝啬，伸出手帮一把，你会赢得更多。一件看似很小的事情，对失意的人而言可能就是意义重大的情谊。雪中送炭远比锦上添花要好。

（3）细心发现需要帮助的人

生活中要善于细心发现，对朋友体贴，给予别人需要的。我们要学着去关心别人，有时哪怕是一句问候或一个微笑——不要吝啬自己的问候和微笑。

心理透视镜：碰见朋友和熟人时，伸出你的手，友好地握手问好，关心别人并不需要做得太多，只需你面露微笑即可。

五、不要任何事情都依赖朋友

我的阿姨是一位有三个孩子的年轻母亲，她有一个女"主人"式的朋友。刚搬进一个居民区时，莉拉进入了她的生活，莉拉像只母鸡似的把她呵护在翅膀下。不久后，她发现，莉拉不仅是母鸡，还是山大王。

"起初我挺喜欢她，"我阿姨说，"她是我的特别好友，她要我干什么，我就干什么。有时我感到似乎受到她的压制，但我不知该怎么办，因为我的确喜欢她，希望与她保持朋友关系。可是现在我渐渐不愿意听从于她了。我感到了我们之间的平等正在被她所打破。她不断渗透自己的权力，把我变成了她可以自由调遣的人。"

莉拉感觉到我阿姨正在疏远她，于是她意识到，如果她真想与任何人交朋友的话，她应该学会与人平等相处，有来有往，互相帮助。也就是说要弄清自己必须干什么，并把它付诸实施。

真心的朋友间是没有隔阂的，他们彼此之间互相畅谈心声，共同经历挫折，两人会无话不谈，即使是在很远的地方也能感受到彼此之间的存在。但无论是从交际应酬的角度还是从为人处世的角度，我们与人相处，都应该保持一定的距离，不要失去自我，成为别人的影子。

朋友之间存在着某种意义的上制约性与依赖性，但这些不属于友谊的范畴，只不过是习惯罢了，这些依赖心理深深地影响着你与朋友的关系。没有自我的人在人际交往中只会是别人的影子，在交际中没有主动权，那么好人缘跟你就无缘了。

我们需要掌握交际中的主动权，获得交际这笔无形的财富。过分的依赖会损害你和朋友的关系，朋友并非父母，他们没有法定责任来指导和保护你，

他们可以给你支持，但不可能包办代替，你必须清楚，这只不过是朋友的原本的状态。

自己不能做决定，缺乏主见，就会使你受到朋友正确或错误的意见影响。为此，你应该立刻决定，摆脱对朋友的依赖。

如果对方真的在意，他会不断地修正自己的行为，不会过分地依赖你，更不会过多地控制你，他会平等地看待你。当朋友依赖你的时候，你要巧妙地拒绝。帮助朋友是应该的，但不能把他的事全包了。

在与朋友交往的过程中，女人该怎么做呢？

（1）做个具有社交吸引力的女人

一个聪明的女人，想让自己在众人中脱颖而出，就必须给自己充电，不断完善自己。吸引力是人与人交往中一个有效的"催化剂"，它能使人际关系亲密、深化、稳定。

（2）交往不要太局限

不要把目光局限在你现在交往的对象身上，每个人都有值得借鉴、值得学习的地方，发现别人的魅力，突破交往的迷雾。

（3）避免"过度投资"

在人与人交往中，要留有余地，适当地保持距离，弹性的人际关系才是和谐的。如果你想维持长久的平衡的人际关系，就要学会一个人，不要太依赖于别人。

没有人会陪你走一辈子，不要轻易依赖别人，这是为了防止你身边的人都离开的时候，你还可以好好地活下去。

心理透视镜：一个人生活虽然很难，但也必须学会一个人，不要太过依赖一个人，因为当分别来临时，你失去的不是某个人，而是你的精神支柱。

六、不要过度干涉朋友的事情

我和夏薇薇是好朋友，她有什么事都跟我说。最近她有一点不开心，原因是她的父母不太满意她现在的男朋友。因此她只好向我求助。

"爱情是争取来的，父母的那一套已经过时了，你过得好，他们不会说什么的。"我听完她的话之后，觉得爱情这回事还是要抗争一下的。

"可是爸妈是为了我好，我不想让他们伤心，而且，我爸又有高血压，我真怕出点什么事。"她听完我的话，犹豫地说出了自己的想法。

我对她说："你勇敢一点，你爸妈会理解你的，你想想我当初是怎么跟我男朋友在一起的，现在过得不是也挺好的，我爸妈也不反对了。为了爱情我们需要牺牲一点的嘛。"我搬出了自己的事做教材。

"嗯，好吧，我试试。"有了我这个"教材"，她似乎也受到了鼓舞。

没过两天，我接到了她的电话，她说我爸住院了。

原来，她的男朋友并不是真的要给她一个港湾，在把她的钱骗到手之后就失踪了。气得她的爸爸血压一下子就上来了。

这件事之后，我们的关系似乎疏远了。

女人似乎天生就是一群需要朋友、需要倾诉的动物，对于女性来说，朋友是人生中不可缺少的人，是一笔宝贵的财富。可是有的时候我们不经意间就会赶走我们的朋友，毁灭我们的友谊。

每个人都有自己的生活方式，有时候，你的"一时意气"给朋友带来的不是帮助而是困扰，善于社交的女人要明白，无论多好的朋友都不要过多地干涉她的事情。

有些事原本就比较复杂，比如感情，感情这种事只有当事人才能解决，靠别人解决，只会把简单的事情复杂化，把复杂的事情极端化，感情的事，是第三个人插不上手的。

我们往往"情不自禁"地把好事做尽，没有给友谊留下必要的生长空间，真心的朋友之间是没有隔阂的，是无话不谈的。生活中，每个热情的女人，都要理智一点，朋友之间，固然需要互相帮助，但你并不是朋友的保护伞，你不可能帮她解决所有的事，有些事，不宜过度干涉。

聪明的女人知道不要过分干涉朋友的事，让友谊长存你还需要做到以下几点。

（1）要诚实

肤浅的友谊往往随着时光的流逝而变得暗淡。如果你想要一份坚实的友情，你们之间必须要诚实。朋友间的彼此信任是上天赐予的礼物。要和朋友建立真正的联结，你需要敞开内心面对他们。

（2）不要充当朋友的保护伞

不要以为朋友的事就是你的事，更不要过度地介入，尤其是感情问题，应该让朋友自己去解决。

（3）抽出时间，表达你的欣赏

我们往往会因为熟悉而忽略了表达对对方的感激，常常想当然以为朋友会一直陪伴着我们。正如我们和自己的伴侣、孩子的关系一样。你一定要告诉他们你的感受，以及你是怎么看待他们、关心他们的。

（4）转变你的期望

在任何一段友情里，一旦对对方抱有你所谓的期望，就会很容易感到失望和受伤。真正的朋友不是替她做决定，而是在她下决定时，我们在旁边给她建议，而不是决定别人应该怎么做。每个人都对这个世界有自己的看法，每个人也有自己的表达关心的方式。

（5）理解万岁

理解要远比挑剔重要。给予对方理解，本身就会让我们变得更快乐。作为一个真正的朋友，诚实、直接而不带有任何讽刺，恐怕是最重要的了。

七、拒绝朋友要委婉，不要伤及对方的面子

我的一个朋友公司的宿舍要重新装修，于是她们就搬到外面住几天。上班的同事就叫她帮买早餐，她以为就一次，于是就很干脆地答应了，结果这位同事每天都要她帮买，刚来公司，拒绝的话说不出口，也没有说什么，只是后来这位同事要求越来越多了，每天早上要到处去买早餐，真的有点吃不消了。

她也不知道怎么去拒绝，和她一起出去住的同事，看到这位同事这么欺负她，为她打抱不平，就天天教她怎么去拒绝这位同事。可是每次她去和同事说的时候，就会怯场，害怕别人不高兴，总是不敢说。天天这样拖着，一起住的同事可恼火了，早餐不陪她一起去买了。

朋友的请求，我们帮忙理所应当，但对于自己无能为力或者无理的要求，就应当拒绝。

拒绝别人是一件非常不好意思，而且非常难做的事情。一方面怕影响彼此之间的关系；另一方面又怕对方误会。生活中难免会有这样的情况，亲人、朋友、老乡、同事有时会向你要求一些事情，而这些要求有的根本就不合理，有的超过了你的能力范围。因为担心别人不高兴，甚至会影响到日后双方的交往，无奈只好硬着头皮去应承。然而，事后自己却会因此沮丧、烦躁。

拒绝是一门学问，每个人都会拒绝别人或者被别人拒绝，人际交往中的拒绝不是一般的拒绝，应该在拒绝中体现出个人品德和个人修养。学会合理地拒绝，就掌握了生活的主动权，进退自如，又能给对方留足"面子"，搭好

台阶，使交际双方都免受尴尬之苦。

有些时候，我们本想拒绝，心里很不乐意，但却点了头，碍于一时的情面，却给自己留下长久的不快。所以，我们学会拒绝至关重要。那么，怎样才能尽量地把因这种因拒绝而可能引起的不快控制在最低限度之内呢？

（1）说明自己的原因

很多年轻人的口头禅就是：懒得解释。懒得解释的后果就会造成不必要的误会。硬生生地拒绝，只会让人误会。解释绝对是有必要的，他听不听又是另外一回事了。解释了你就问心无愧。

（2）用和缓、低沉的口吻去说你的难处

一个盛气凌人、态度傲慢不恭的人，任谁也不会喜欢亲近他。何况当他有求于你，而你以傲慢的态度拒绝，别人更是不能接受。用和缓、低沉的口吻去说你的难处，会达到意想不到的效果，也许，对方会因为你的真诚而感动，从而不会怪你。

（3）表达清楚你的意思

有些时候，你的表达能力是非常重要的，特别是在遇到比较复杂的事情时，我们只有解释清楚，才不会产生误会。

（4）不伤害对方的自尊心

人是有感情的动物，时常有一种充满偏见的自尊心行为。每个人都怕被别人拒绝，因而，在拒绝他人的时候，只要顾及到对方的自尊心，就可以避免关系的紧张。

心理透视镜：在交际中，学会拒绝是必要的。拒绝时，不要伤及感情，诚恳的态度可以让对方理解我们的难处，不会使友谊受损。

八、朋友间不常联系就会生疏

我的一位同学小静和李欣是初中同学，两人是一个宿舍的上下铺，两人情同姐妹。后来到了高中，课业比较重，两人也就不怎么联系了。大学时，她在本地的一所大学读书，而李欣考到了南方的一所大学，离家很远，虽然彼此都有电话，但也很少联系。

暑假时，她知道李欣回来了，也借口说有事，两人没有见面。李欣在南方求学、生活，也很少联系她，看到她的QQ显示在线也从不去联系。

大学毕业后，她留在了当地的城市，在一家出版社做编辑，虽然工资不多，但因为有家里的帮助，生活方面比较宽裕。李欣则去了北京，在一家房产中介工作。

忽然有一天，她接到李欣的电话，很怀旧地说了一些初中的事情，两人不约而同地感叹，时间真快，之后两人又说了一些近况。正当她感觉没话说，准备挂电话的时候，听见李欣说："小静，我要结婚了。"

听到这个消息，她很为李欣高兴，说："恭喜恭喜啊"。李欣接着说："小静，你手上有钱吗，因为结婚想要买套房。"这下她为难了，因为守着家，所以她从来不理财，每个月的工资都被她折腾光了。

结果自然没有像李欣想象的，自从这件事后，两人又恢复到了以前的状态。有彼此电话，却不常联系。

"平时不烧香，临时抱佛脚"，平日里不和朋友联系，突然联系就有求于人，这样就会显得突兀，功利心太重，结果肯定会遭到拒绝。

好朋友是人生中的桥梁——连接着过去，通向未来，在我们一二十岁的时候，友谊意味着一切。在这个时期，我们以为友谊永远都会是这个样子的。但是时间一刻不歇地向前奔流，角色转变。人们忙着自己的生活，其他的事情也不那么重要了。我们努力在时间和责任中找平衡，于是慢慢地，我们的朋友在我们心里的地位也慢慢滑落了。

没有人会怀疑友谊对我们的重要性。友谊就像婚姻，不能一蹴而就。它必须在漫长的岁月里不断地被加固。生活中，事情的轻重缓急也会有变化，我们必须精心灌溉我们的友谊。问题在于，在我们已经排得满满当当的人生里，怎么给友谊安排一个位置呢?

（1）保持联系，让友谊充满欢笑

所有的长时间的关系都会进入倦怠期。在这样的时期应该多玩玩，比如做一些年轻的时候喜欢做的活动。虽然你不再是 21 岁，可是这并不意味着你不能在有些时候冒点傻气。聪明的女人，让你们的友谊中充满欢乐和欢笑吧，这样友谊才会成为你生命中的光明面。

（2）继续以前的规律活动

这样的活动能够让你和朋友保持联系，并且时时回顾自己的青春岁月。不要因为某个活动越来越难继续就放弃，关键是坚持。

也许你以前一周逛一次街，可是现在有两个孩子要照顾，那怎么办呢？一个月逛一次吧。分享回忆有助于我们定义自己的人生和自我评价。

（3）要时刻考虑到朋友的感受，关心朋友

当我们表达情绪时要注意朋友的心情，如果你能主动关心对方，并尽量解决一些实际问题，那么对方会对你信任有加，与你交往的渴望程度会大大增加。

（4）注意与她（他）的分享

分享是一种重要的美德，可能现在的独生子女很多，每个孩子在家里就像众星捧月一样养着，我们很少能做到与别人一起分享自己的东西。学会分享，学会给予，你就会感到心灵的豁亮。我们应该试着去给而不是去拿，试着去奉献而不是去索取。

心理透视镜：朋友间一定要经常来往，不要因为好像很熟了，就觉得没必要联系了，也许有些事错过了，很多人就离开了，不要让你们缺少联系。

第十二章

CHAPTER 12

男人的海底藏心
——女人要懂的男人心理学

男人和女人有太多的不同，他们犹如地球的两极，相距遥远却又无法分离。女人在陷入爱情时会遇到数不清的问题，然而一切的问题都可以归结为：怎么抓住男人和怎么留住男人。聪明女人应该学一点男人心理学，了解男人心里的小秘密，把幸福牢牢把握在自己的手中。

一、恋爱≠结婚：男人家庭意识较"晚熟"

我的同事与他的女朋友交往了一年多，恋爱时也曾轰轰烈烈，但一直没有考虑过结婚。到了适婚年龄，家长一直催他结婚。但在充满鲜花和掌声的婚礼殿堂，他决定与之白头偕老的新娘并不是曾经海誓山盟的那位女朋友。也许你会认为他们是因为外界的重重阻挠，而有情人不能终成眷属，但事实并非如此。

为什么在男人眼中，恋爱≠结婚？

众所周知，女生小时候爱玩布娃娃、家家酒之类的游戏，从某种程度上来说，这其实是一种家庭意识的培养。而男生则更多地关注车船、棍棒等充满力量性游戏，所以男人在早期家庭意识的培养就远不如女人。同时，男人的责任感和社会舆论，要求他们在建立一个家庭之后做一个"挑大梁"的角色，但大部分男人在早期并没有做好这样的准备。

男人恋爱时可以随心所欲，但是一旦构建婚姻关系，男人就是在寻求安定感和舒适感了。从男性的早期心理状态来看，他们的婚姻似乎没有足够的基础来让他们获得满足，所以男人对于扮演成熟的婚配角色力不从心。他们

为了适应婚姻中的种种，只好强迫自己去改变和适应生活节奏。所以，男人在建立家庭之后，总是有种压迫感和被掠夺感。

因此，很多男人在谈恋爱的时候，并没有结婚的打算，他们的恋爱纯粹是恋爱。在某些男人心里，恋爱有些

类似于一种活跃身心的娱乐活动。这对为爱付出全部感情的女人来说多少有些残酷，却是不争的事实。

一到适婚年龄，社会舆论和家庭的压力都会接踵而至，男人们自己也在结婚与不结婚的矛盾中挣扎。但男人会以很理性的态度取舍爱情，就算他感性上很爱一个人，但当他清楚她并非一个好妻子时，他会放弃她，另找适合家居生活的那一个。

许多沉浸在甜蜜恋爱中的女性，总是催促男朋友结婚，可是男人总是以各种理由来推搪。这并非是男友不爱你，只是他可能觉得比起做妻子你更适合做女朋友。女朋友和妻子之间有着太大的距离。男人认为恋爱和结婚是两回事，而不像女人，恋爱了就希望早点进入婚姻殿堂。当发现你并非妻子的合适人选时，男人会义无反顾地去寻找一个妻子的人选。

聪明的女人要知道，男人除了想和女友约会外，还想去旅行、滑雪等，这些愿望同样强烈。总之，在男人眼中，恋爱不能等同于婚姻，因此结婚时选择其他女性毫不奇怪。

但不是所有的女人都能理解并接受这种属于男性的"恋爱不一定都是为了结婚"的规则。因此，为了避免被伤害，在恋爱过程中你要确定你的男友是否仍然保有"不结婚"的想法，如果有，最好尽快脱身，寻找想跟你结婚的那个男人。

心理透视镜：在男人眼中，恋爱与结婚并不是一回事儿。聪明的女人一定要掌握男人的这点小心思，如果他不想成为你的那位 Mr. Right，就尽快脱身。

二、"怨妇"让男人恐惧：别让抱怨唠叨毁了自己

在大学，班上有一对情侣可谓佳偶天成，他们相识、相知到步入婚姻的殿堂，他们拥有财富、健康、美貌，是人人羡慕的一对。

不过，他们的爱情之火很快就变得摇曳不定，燃烧后只留下余烬。男的拥有自己的公司，但不论他给女的爱也好，物质享受也罢，都无法阻止女人的猜疑和嫉妒。

她出于强烈的猜疑心理，不给他一点儿私人的时间。当他处理公司大事的时候，她竟然冲入办公室里；当他讨论最重要的事务时，她却指指点点。

她让他片刻不能安宁。她这么做，究竟得到了什么？得到的不过是更多的疏远和矛盾。

女人爱发牢骚，唠叨、抱怨生活中的不如意，从心理学角度看是一种正常行为。人感到压抑时心情会变坏，心中的不满和烦恼越排泄不出去，情况会变得越糟糕。这时要采取感情净化法，即把所有的烦恼和不安全部倾吐出来，从而获得一种精神上的宁静。而保持心理健康的重要手段之一就是发牢骚。发牢骚是为了宣泄，如果烦闷的情绪越积越多，成了祥林嫂那样，那么过度的抱怨不仅会让男人恐惧，也会毁了自己。

一个叨念不断的"怨妇"，谁有勇气与之共处？

之所以会成为"怨妇"，主要是对生命和生活缺乏感恩之心，人生如此短暂，生命如此宝贵，为何要因为生活中的一地鸡毛而怨恨呢？抱怨昨天，并不能改变过去；抱怨明天，同样不能收获未来。

与其徒劳无功地浪费时间，不如转变心态，化解"怨气"，采取一些行之有效的行动。要知道影响人生的绝不仅仅是环境，而是心态。心态控制了个人的行动和思想，也决定着自己的爱情和家庭、事业与成就。

再也没有比一个整天唠唠叨叨、抱怨不休的女人更让男人头痛不已的了。那么，女人如何才能改掉抱怨、唠叨的坏毛病呢？

1. 开口之前，问问自己值不值得抱怨

上帝待人很公平，在赋予优点的同时也会给一些缺点。女人要得到他的好，必须容忍他的不足。女人左右不了男人的性格、行为，只能左右自己对他们的看法，想抱怨时朝好的方面想一想，便会释然。

男人的冥顽不化，说明他很可能做事极有恒心和毅力；男人的粗心大意、不拘小节，说明他很可能天真率直、随和易处；男人的自以为是，说明他很可能真的聪明能干。

2. 想一想听了你的抱怨，他能改变多少

人的性格与生俱来，自己有的时候都很难左右，更别说伴侣或其他人了。所以在抱怨之前想一想，你的抱怨他能听进去多少，又能因此而改变多少。

所以，我们只能尽力改造能改造的，平静地接受不能改造的，并且多从生活中学习经验和总结教训。

3. 非说不可，慎重选择时间与地点

如果你天天抱怨，不仅达不到预期效果，男人还会把你的话当耳边风。如果你实在忍无可忍，非要抱怨一通，那也要选好时间与地点。

切记，在外人和孩子面前抱怨丈夫，绝对是大大的失算。男人把面子看得很重要，若伤了他的面子，他非但不改，很可能还怀恨在心，缺乏自信心的男人尤其如此。

当他心情不好或工作很忙时也不要抱怨，他听不进去。你也许认为：许多事情不当场指出来，过一会儿就忘了。能很快遗忘的，一定不值得小题大做。非说不可，挑有空又安静的时候，逐条将你的不满说出来，希望他能改，并且告诉他不改的话，后果会怎样，你会说到做到的。

总而言之，女人要学着理解，不能总是抱怨，这不仅是善待别人，更是在善待自己！如果说一个人的幸福是有总量的话，那么女人的抱怨会慢慢把幸福消磨殆尽！

心理透视镜：女人越唠叨，男人就越发躲在"掩体"里不出来，气得女人发疯。这些掩体包括报纸、电脑、阴沉的脸、工作、装聋作哑或电视遥控器。没有人愿意被唠唠叨叨地指责，男人一旦遭受到唠叨，就会把女人一个人晾在那里，让她满腹委屈；而她越被冷落，唠叨就越发变本加厉。

三、每个男人心里都住着一个"彼得·潘"

我表弟和他女朋友交往了一段时间，当朋友问她觉得他怎么样时，她总是说："他就像个孩子似的，永远长不大！"

确实，在生活中的一些小事上，他不想承担责任，想要像彼得·潘一样永远做一个少年，永远都想要获得快乐，远离成人世界的恐慌和无奈。

"彼得·潘综合征"是指男人的一种心理倾向，他们希望自己永远都是小孩子，以自我为中心，而无法适应成年男性的社会角色。因此女人要明白，其实在很多男人的心灵深处都住着一个"彼得•潘"，他们或多或少都希望永远处在被父母呵护的少年时代。

为什么男人不想长大？

在男人眼中，长大后许多"可怕"的事情会发生，而这远比长大后的"好处"多得多。这些长大的"坏处"在男人尚未成年之前，就已经悄悄地在他们心里生根发芽。从少年向青年过渡的黄金时段，这些信息也许会被掩盖、淡化或忽视，被搁置在内心的某处小角落里。

不过，这些"坏处"犹如树木，随着时光的流逝，会渐渐长大，而这些长成的大树形成的阴影，会在某些男人的身上产生较严重的负面作用，而使他们表现出渴望回到童年的"退化"行为。

从个体心理发展来讲，人的心理和身体在生命进程中既表现出连续性，又表现出发展的阶段性。所以，少年时期的经历和想法必定会在男人的成长中留下不可磨灭的烙印。

就像拒绝长大的男人，他们主要是在家庭中获取"长大是可怕的"这样的信息。当父母念叨着"你要懂事，爸爸赚钱养家很辛苦"时，男孩子在敬佩父亲之余，对于"一家之主"或"父亲"这种责任担当者的角色，也慢慢产生了隐约的忧虑、害怕和无力感。

男人在家庭中的崇高地位，其实也意味着一份沉重的责任和终生的束缚。不能承担家庭责任的男人，不仅会在家庭和社会中失去尊严，更会被冠上"无能者"和"失败者"的名称。但只要不长大，他就可以不承担这些责任和承诺。

所以女人要明白和了解男人身上所负担的压力，和他们身为一个普通人不想面对压力和生存困境的心里愿望。女人更要懂得对待一个男人时，要把他们当作孩子，给予更多的理解和关爱。要知道，男人都有不同程度的恋母情结，他们更希望自己的女人能包容和理解他们。

男人在社会中背负了太多的担子，所以聪明的女人要懂得适当地为男人创造出一个"梦幻岛"，让他们能在你的怀中变成梦想中的"彼得·潘"。而女人所追求的幸福，其实就是成为"彼得·潘"的"温蒂"！

 心理透视镜：面对社会与家庭的重重压力，男人也会不想长大。每个男人心里都住着一个"彼得·潘"，女人要懂得适当地为男人创造一个"梦幻岛"。

四、深识好男人的坏心思

我有一位好友的男友不让她说他的任何不尽如人意的地方，否则他就感慨自己怎么找了个如此不懂欣赏的女人。久了，男友的这份"虚弱"让她徒生厌倦，最终两人还是分手了。

每个人的性格中都会有好的一面和坏的一面，当男人和女人相遇、相恋时，许多男人会掩藏自己坏的一面，以好的一面去博得女友的欢心。

一旦结了婚，男人的另一面就会自然流露出来，使许多女人大呼上当。那么，女人应该如何识别男人的心思呢？

美国社会学家格雷尔指出："人们通常可以通过两个途径了解一个人，一是所谓的路遥知马力，在长期交往中了解对方为人；另一个途径是，仅从一些简单的非语言性的迹象中看穿他。"

因为男人会竭尽全力掩盖坏的一面，所以"路遥知马力"在女人识别男人这里似乎是不管用的，而第二个途径却不失为一个很好的选择。

1. 爱炫耀自己如何能干的男人，越可能爱慕虚荣，比较偏激

美人配英雄，事业的成功是男人的勋章，也是许多女人给自己预订的彩礼。正因为如此，男人喜欢夸夸其谈地讲述他的才能、成绩和智商，这耀眼光环可以放大他在你面前的形象，的确使你为这光环感到自豪，从而忽略了"一流"背后的脆弱。

而事实是，许多时候，一个男人在一个女人面前炫耀自己的出众，只是为了强调自己比别的男人强，这本身就反映了男人的自卑心理。最后，在骗人骗己中，甚至他自己都相信这是真的，从而为你的任何质疑而歇斯底里。

2. 越细腻、中肯的男人越可能是事事计较的人

言谈中肯、心思细腻的男人，女人常常觉得他细微和体贴，是一个可以托付终身的男人，而忘记了他细腻的"广泛"性，当他为你准备出门的行装时，他也可能会因你买了他不喜欢的服装而喋喋不休。他能领会你最细微的情感，也就会为你无意中说的某些话而烦恼纠缠不已。他可能是主动下厨并以此为乐的男人，但也最可能为菜价的贵贱而唠叨不已。他的细腻"惠及"生活的每一个角落。

辩证法讲凡事都要看事物的两面，然而生活中最常犯的错误就是，我们只看到事物的一面，而忽略了另一面。如果你是一个骨子里崇拜传统男性角色的女人，那你一定不可能容忍一个对生活中每一个细节都要插手的男人。但如果你是一个主外型女性，那他也许能弥补你的某些粗心大意。

3. 很讲究穿着打扮的男人，往往只会考虑自己的感受

许多女性认为：讲究衣着服饰的男人，常常给人一种热爱生活的印象，与这样的男性结合，家庭生活会有一份轻松。然而事实是，许多时候这样一个很关注自己的人，往往是很难把注意点投向别人的。也正因如此，他很少关照、理会别人的心理状态和感情世界。

女人在决定是否要和这样的男人进行深入交往时，要进行冷静的分析，他是在欣赏自己对你的吸引力呢，还是被你所打动，女人不要只看到男人的外在形象，这关乎他以后在婚姻生活中会对你采取何种态度。

否则，你婚姻中"引进"的可能只是一个中看不中用的模特儿，一个只要权利不尽义务的特权分子。

4. 越体贴入微的男人也越可能专横霸道

生活中，人们越宠爱、关切什么，也就越想占有什么。一个男人对你百依百顺、殷勤备至，许多时候是为达到拥有你的目的。

什么样的动机产生什么样的结果，这是必然的。"小鸟依人"是这种男人的理想，如果你是一个喜欢依赖别人的女性，也许这份"呵护"能让你心醉。但如果你个性很强，硬碰硬的结果自是争执不断。

5. 喜欢强词夺理的男人，责任感往往不强

面对发生的错误事件，他能找出许多合理的解释，此时你也许会为他的理性所打动。但要注意的是，这样的人常常是没有责任感的。

一般来说，出现问题，人们通常的反应是就自己的错误道歉，请求原谅。而在这类人那里，他多半会寻找诸多的解释，为自己开脱。

不要小看了这种归罪于人的习惯，在婚姻中它会让你陷于"红颜祸水"的旧套。不要只欣赏他的能言善辩，更要了解他在其中表现出的人情味，毕竟你不是和律师生活在一起。

心理透视镜：女人在选择伴侣的时候一定要擦亮双眼，识别那些"好男人"的坏心思，透过现象看本质，不要被外表所迷惑。

五、女人要懂男性喜欢用第一人称背后的心理

我的同事刚刚过完33岁的生日，工作不错，相貌很好，她就是传说中的黄金剩女。在婚姻问题上，她的母亲尤为着急。在她过完33岁生日后，开始频繁地给她介绍相亲对象。在一次相亲的时候，对方不停地使用第一人称表述。这到底代表什么意思呢？

一般当男性和某位女性谈话时，频繁使用第一人称"我"时，说明这位

男士很有可能想和这位女性拉近关系。把自己的信息讲给别人听的行为，心理学称为"自我展示"。想打开别人的心扉时，进行必要的自我展示是非常有效的。

自我展示对拉近彼此的关系是非常有帮助的，明白这个道理的人就会运用这个技巧来博取异性的欢心。比如聊一些自己小时候的事，讲一点自己的烦恼等，通过自我展示，渐渐地拉近彼此心里的距离。

但是，凡事都要有个度，在聊过关于自己的话题之后可以转移话题，避免给人留下以自我为中心的印象。如果过多的使用第一人称，别人会认为这是自我意识过度的表现，多半会令人生厌。

心理透视镜：不管走到哪里，都喜欢用第一人称说话的人，大多是自我中心主义者。如果只有在面对异性对象时，频繁使用第一人称，那么说话者多半是对对方有好感。

第十三章
CHAPTER 13

给爱情注入保鲜剂
——女人要懂的爱情心理学

每个人都渴望拥有一份甜蜜的、长久的爱情，可是爱情就像天气一样，不可能每一天都是碧空万里、春光明媚。

爱情是一种可以锻炼的能力，男女之间的爱情，其实是一种感觉，它是性和情的混合物。它一半是性，一半是情。爱情是柴米油盐一鼎一镬中的世俗，而世俗的我们，是注定要朝朝暮暮地厮守在一起的。

一、别害羞，爱就要大声说出来

在大学的时候，班上有一个女生暗恋一个男生四年，她一直没有那份表达的勇气。直到毕业那天女孩给男孩写了一封信偷偷递给了男生。没过几天，女生从朋友手中收到一个熊娃娃，那是男生临走时留给她的，并说这只熊有他满满的祝福。

女孩抱着礼物痛苦，可是有一天她突然发现了礼物中的秘密，其实那个玩具熊里满满的全是信，她小心翼翼地打开阅读，原来她误解了男生的意思。那个男生也喜欢她，也是四年。可是因为没有勇气，最终他们擦肩而过。怯懦，让很多人都曾有过遗憾。所以，别将爱尘封，因为爱需要表达。

你爱或者不爱，爱情就在那里，巧克力飘香，玫瑰艳丽，太阳依然升起。你告白或者不告白，他就在那里，电话 24 小时不关机，等着你。

人的一生是一个相互关心、关爱的过程，每个人都有情感的需要。其中，语言的交流和情感的表达是关键。不要让爱人用猜测知道你的关爱，而要让对方时时感受到你的心意，这需要用行动来表达爱。爱就是打开心扉，让它自由地流淌，让对方看得到、听得到、感受得到。

我们都渴求爱和被爱，正如我们都渴求被赞赏和认同一样，得到爱就仿佛得到了滋润生命最宝贵的养料。

爱情不仅是实际生活中的柴米油盐酱醋茶，它还是一件庄重的事情，它需要应对和承诺，需要证实和鼓励。爱情的表达可以是深夜花园中的吟唱，可以是花前月下的山盟海誓。这些都意味着承诺和责任，意味着接受和渴望。

爱情最直接有效的一种方式就是用言语说出来，不要轻视这一句简单的话，它能将所有爱的信息全部透彻地传递到对方心底。爱，不表现就不存在，爱情是需要表达的。不管多忙，都不要忘记给爱人打个电话；不管多累，都要在回家之后给爱人一个拥抱；不管生活中有多少烦恼，都应该给爱人一个微笑……心中有爱，我们就应该大声说出来，就应该做出来，用行动和语言标的心中那份温暖和幸福。

世间最悲哀的事，莫过于两个人彼此倾心，却因为沉默而错过。幸福不是等来的，如果因为沉默，而错过了一份美好的爱情，那么可能一生都会耿耿于怀。爱一个人就要大胆地去表白，心里有爱就要大声说出来。只要努力争取过，就不会后悔；只要勇敢表达过，爱情才不会有遗憾。

爱很坚强也很脆弱，表达爱让感情变得更透明，更有热量。爱情的表达，就是为了给对方看自己的那颗心，看那颗心里的爱恋、温情、惦记和颤动。对平常的人来讲，这种以心换心的事最好是以朴素的、细微的、绵长的方式进行，这才和我们的朴素的、细微的、绵长的生活更加吻合。

"我爱你"是人间最美好的语言。恋人之间一句"我爱你"，常常是情感升温的开始。夫妻之间一句"我爱你"，往往是爱情保鲜的秘方。爱要说，要让对方明白你的爱意；爱也要做，以证明你爱的深度。经过表达的爱情才赋予了生命，并有了意义深刻的灵魂。

心理透视镜：一生，那么长的路，那么多的情感，该表达时千万别犹豫，拿出勇气，去诉说心情，去表达爱，千万别让人生充满太多的遗憾。

二、女人也需要付出才能收获爱情

我的一个同事辞职了，作为一个集团公司的人事经理，她的福利待遇都相当好。可是她却辞职了，这无疑是一枚小炮弹，在我们办公室里炸开了一个坑。

她是我们公司的时尚风向标，午间休息，她的周围常常会围着一圈人，思维的火花迸溅令站在她周围的人目眩。如今三十多岁的她出去逛街，店里的阿姨会对着她说："小姑娘，这衣服很适合你这样的大学生穿。"周末她和老公不是在郊外度过，就是在山野自驾游的路上。我们一度非常羡慕这对神仙眷侣。

一年前，她的老公被公司总部派到北京分公司开拓市场，一个半月回来一次，她老公希望小凡一起去北京，哪怕没有工作。可是小凡舍不得放下现在的工作。

一个月后的一天，小凡打电话向我求救，说家里网络故障，无法和老公视频，电信公司查了外面线路没问题，家里的线路不在负责范围。于是，我领着我老公飞奔救急，我老公攀上趴下在她家的线路上寻找问题，我负责他攀上时的安全、趴下时的卫生及随时递送工具兼擦汗、递水。解决网络问题后，我老公顺带把她家洗衣机水龙头处的漏水管子拧紧，微波炉烧坏的灯泡换新。不经意间，我看见她的眼中泪光盈盈。

爱情是美妙的情感，可是任何情感都是相互的，要得到就要付出，爱情经不起任何透支。任何一个女人都渴望爱情的呵护，但是你一定要明白，想获得爱情，就必须学会付出。只有爱是不够的，爱情需要我们悉心呵护和付出，不懂得付出的女人，是不会收获爱的。

爱上一个人，一分钟就够了，可是忘记一个人，可能需要一辈子。爱一个人很容易，被爱也很容易，相爱却是那么难。所以，如果你遇到了一个人，你爱他，他也爱你，那么，请你好好珍惜吧，不要计较谁付出的多一些，真正的爱情是值得你付出的。恋爱中的女人，请记住，感情经不起透支，它需要你的付出。

作为女人，我们该怎样为爱付出呢？

（1）多包容、多理解

生活中，难免有一些让我们烦心的事情，这时候我们要懂得理解，理解他的不易，理解他的无奈，虽然我们也很疲惫。聪明的女人会在生气的时候控制自己的情绪。理解和包容是对爱情最大的付出。

（2）不要过多地帮助他

每个男人的内在都是一个身披闪亮盔甲的武士，虽然男人很感谢你的关怀与帮助，但有时太多的关怀和帮忙反而使他信心减少。如果你告诉他"应该怎么做"或他做错了什么，他会觉得你认为他没有解决这个问题的能力，这样会让他有一种挫败感。

（3）不要批评和忠告

除非他要求，否则不要给予批评或忠告。你应该以爱之名去接受他，而不是长篇大论。当女人试图安慰或帮助男人解决问题，而男人并不需要时，他可能会觉得透不过气来。

（4）在爱情里加点蜜

对于职业女性来说，最困难的是平衡家庭和工作之间的矛盾。她们往往把握不好工作和家庭的平衡。聪明的女性，要懂得无论工作有多忙，都不要忽视你的爱人，幸福的婚姻才是家庭和睦的基础。

工作之余，不妨制造点小浪漫，比如抽个时间来一次烛光晚餐，享受一下二人世界，或者看场电影，甚至来一次"私奔"！

心理透视镜：似乎每个女人都认为自己是被呵护的对象，但是聪明的女人懂得，要获得就要付出，想要爱情长久，只靠单方面的付出是远远不够的，因为爱是相互的。

三、若即若离，保持一点儿小神秘

我认识的一个朋友，她和她丈夫是高中同学，高中毕业后，她直接参加了工作，而她丈夫顺利考上了武汉一所重点大学，大学毕业后，她丈夫直接去了她工作的城市。经过两年的风风雨雨，他们在家里人的催促下订婚、结婚。

如今她又有了一个聪明、可爱的女儿，一家人总是其乐融融的。可是最近家里气氛就没有以前那么和谐了。因为他们总是吵架。

有一次她丈夫发烧生病了，她给丈夫吃了药，就无聊地坐到了沙发上，打算看一会儿电视。刚好她丈夫的手机就搁在茶几上。于是她就顺手拿起了手机，这时就听到她丈夫问："你没事看我的手机干嘛？"原来，她丈夫起来上厕所。

她开玩笑地说："我发现你有不轨动向。"她丈夫听后很生气说："谁让你随便翻看别人手机的？我有什么不轨动向？"她想逗逗大勇，说："10086 给你发暧昧信息。"她丈夫听到后，气得把手机往地上一摔，手机顿时就在桌上开了花。

有人说两个人拥抱得太紧就看不清楚对方的脸，只要稍微退一步就可以看到他的笑容。爱情也一样，只要稍微拉开一点距离，彼此就会更加亲近。

相恋，但不一定要天天见面。人们对自己不是很了解或者根本不了解的事物，会有想要把它弄清楚的冲动。看到一个苗条的背影就想着她肯定有一个漂亮的脸蛋，所以想赶快上前去瞧个究竟。这就是神秘感！

处在爱情中的男女，习惯天天见面，一日不见如隔三秋，恨不能时时黏在一起，可这是不现实的，而且如果真的这样发展下去，那么，爱情的高潮期或许很快就会结束。有心计的女人懂得适当地与他保持一定的距离。见面不要太频繁，如果到了柴米油盐酱醋茶的地步，彼此都没有了神秘感，就少了继续探索的乐趣，慢慢地没有了激情从而乏味。

聪明的女人要学会有所保留，不要让他一眼将你望穿。一个星期见两三次面是最好的选择。其余的时间可以打电话、发短信或是网上联系，一样可以传达你对他的爱。相见不如思念，适当的距离才能让爱情更加美丽。

那么，怎样在爱情里保持神秘感呢？

（1）给他惊喜

不断完善自己的外在特征，不断提高自己的修养，学习更多，见识更多。这样才能在他面前不断地变化，并适当地展露出来。

（2）不要说太多关于自己的事情

陷入爱情中之后，或许会变得盲目，一切以他的喜好为喜好，完全失去了自我。懂得经营爱的女性，在提到自己的事情时会故意坚持不说某一个时期，呈现出一段空白的岁月，或者故意不提及某些话题，让他产生一些疑问，那样才会激发他想要进一步了解你的兴趣。

（3）绝对不要让他送到家门口

约会后，允许男人送你到家门口，表示你已经认可了你们之间的感情。不要这样做，当他送你时，你可以让他送你到车站或是巷口，这种做法也能造成一定的神秘感。

（4）"故弄玄虚"地编造几件不愿提及的事

在交谈中，"故意"避开某个话题，或者逛街时绕过某条街道，或者不看某个电影……这也会让他觉得你充满神秘感。这些特别的"癖好"你可以随意编造，只要无伤大雅即可。

（5）总是在某个时间道别

无论你们在约会时玩得多么开心，只要到了某一个时间，你就要坚持说该回家了。你可以跟他解释说，父母管教很严，所以你也是不得已。

（6）制造一些偶遇的假象

不要总是按部就班地定好时间、地点再约会，时常出其不意地出现在他面前，对他来说一定是惊喜。不经意间的一些"偶遇"，会让他觉得你们之间似乎拴着一根姻缘的红线，那么你们的爱情也将水到渠成了。

（7）别把自己轻易交给他

千万不要轻易把自己交给他，即使你们已经爱得很深，即使你们已经开始谈婚论嫁。因为容易得到的也容易失去。

爱情和婚姻毕竟是不相同的，如果你过早地把自己交给他，就等于过早地从爱情过渡到了婚姻。到那时，或许你就会发现曾经美妙无比的爱情，会因为你的毫无保留而失去了最初的吸引力。

心理透视镜：制造神秘感也要适可而止，无伤大雅的神秘感是爱情所必需的，但过分的神秘感可能会弄巧成拙，甚至会让他离开你。

四、信任男人，爱情与婚姻里最忌猜疑

同事近期因工作上的需要，应酬多了一些。那晚，他妻子恰巧发现他手机上的短信之一是署名单字"云"发过来的。虽然只是一般的节日问候短信，但他妻子就是不依不饶，非要他作个解释不可，说什么男女关系没有发展到一定程度，是不可能用单字署名的。经妻子这么一提醒，他才想起这个叫"云"的女孩平日确实是个不太注重细节的人。

事有凑巧。不久后的一个星期天，他们一同外出。迎面碰到一个女人，猛地一"拍"他的肩膀，很热情地跟他聊了起来。原来他们曾共事过。他的妻子偷眼一瞧，还真别说，那女的长得可真靓：两只大眼睛一闪一闪的，蛮像影视演员赵薇。都说"男女授受不亲"，再熟也不至于拍手拍脚的吧。她心里顿觉酸溜溜的，让她感到闷闷不乐。也让他们的婚姻蒙上了一层阴影。

亲爱的女人们，当你披上婚纱，被一个男人牵着手走进结婚礼堂的那一刻，你就要把自己那些所有关于爱情的美好憧憬收藏起来。收藏并不是说爱已经结束，而是刚刚开始，这种刚刚开始的爱需要更多的尊重、理解、宽容和珍惜。因为所有的爱都经不起猜疑。

不论是朋友还是亲人，与人相处之间就需要信任。朝夕相处的夫妻，彼此的信任是家庭美满、和睦的基础。夫妻本是没有血缘却关系最亲密的人，没有信任，怎么可能拥有稳定幸福的家庭呢？

无论是什么因素使你爱上对方，都需要用心来呵护这段感情。被人信任是一种难能可贵的荣誉，对人信任是一种良好的美德和心理品质。一个女人唯有学会信任，夫妻之间感情才会愈加浓郁。感情不是靠"看管"来约束的，婚姻的基础是信任，只有信任，家庭才能幸福美满。

婚姻生活不可能永远都像恋爱时那样花前月下、山盟海誓，是激情四射的，婚后更多的是被琐碎杂事所取代。要把握和维系好这种既亲又爱的关系，使之像酒一样越酿越醇香，靠的不是互相要求、制约、猜疑，甚至跟踪探察，而是靠心灵的沟通、理解与信任。

信任是心灵相通的桥梁，家庭稳定的纽带，化恶为善的基石。在价值取向和道德观念发生了一些嬗变的今天，人们更加渴望信任，夫妻之间更需要信任。

信任是对一个人的尊重，也是对自己的尊重。女人们，假如你不相信自己所爱的人，那你为何会选择他。如果你不相信他的话，他怎么还会相信你？猜疑是幸福婚姻生活的杀手，夫妻之间需要的是信任而不是猜疑。

很多女人多疑，如果看到丈夫和别的女人说话就会心生醋意，由此便会质问于他。怀疑的一方为多疑而生气，被怀疑的一方因为对方的不信任而生气，这样最后只会伤到彼此，危及家庭。

爱胡思乱想的女人要谨记，如果没有确切的消息，就不要随意指责于他、怀疑他，因为这样会伤害到他，从而使他对你产生反感，促使他去尝试某些你怀疑的事。丈夫如果晚归了，你所要做的就是给他温暖，不是指责不是唠叨，聪明的女人会体谅他的劳累奔波，会给他体贴的话语，给他关爱。不要让你的蛮不讲理将他推出家庭。

看似平淡的爱，却需要彼此的理解及心灵上的默契、信任和包容。如果没有爱，就不会有信任，如果没有信任，也不会有默契，因为默契是彼此的心心相印。

心理透视镜：爱情是一个需要人来呵护的婴儿，猜疑则是专门谋杀这个婴儿的凶手。当这个凶手潜入你的心灵作祟时，爱情注定无处逃生。

五、爱不是网，要给对方自由的空气

一年前，我的一个朋友遇到现在的男友，身高一米七，五官端正，风度翩翩，当初，她就是被他的表象迷惑了。但后来发现，她的男友控制欲很强，在他的控制下，完全失去了自由。

除了上班，平时只要她离开一会儿，他都要追问到底，去哪里？干什么？跟谁在一起？接到一个电话或短信，他也要问到底。在 QQ 上聊天，他竟然要看聊天记录。

不仅如此，穿着打扮他也要干涉。穿得性感一点，他会怀疑她是去勾引别人；口红抹浓一些，他就骂骚货，她都要崩溃了。

对此，她的男友对她说，小时候，因为母亲背叛，导致父母离异，他一直在单亲家庭里长大，所以非常缺乏安全感。她对此表示理解，可总是无法改变现状。

有一次，她与一个男同事在街上遇到，这个男同事热情地叫了一声"美女"，她的男友怒不可遏，大发雷霆，质问那个同事为什么那么轻佻，她费了九牛二虎之力才劝阻了他。那件事情发生后，单位的男同事对她都避之不及。

爱人不是罪犯，不要轻易剥夺对方的自由，不要入侵对方的私人空间。

有些男女一旦成为情人，就没有了隐私，没有了自由。殊不知这是扼杀爱情最直接最有效的方法，比毒药还快。只有在自由状态下谈出来的爱情，才是健康的爱情。

爱就是一个人的生活里住进了另一个人，多了份牵挂和感动！只是有时候总找不到适当的距离，距离太近会让人喘不过气，距离太远又觉得彼此遥不可及。

失去自由的爱情，就像失去自由的囚徒。有人用刀与鞘来比喻爱情，如果刀与鞘天天黏在一起，一点多余的自由和独立的空间都不给对方，那么最后很可能会锈死。情侣之间也是如此，如果彼此间没有独立的心灵空间，爱情将窒息而亡。

在婚恋中，任何人都应懂得"空间"的重要性。作为女人，对男人保持若即若离，用一点空间来稳固对方的爱意，彼此间有一点距离的张力，便能营造出一种朦胧之美。

最好的爱情不是两个人时时刻刻地黏在一起，而是给对方一个适当的空间，让对方休息！每个人都会有一段时间想安静地独处、一个人思考，这时候不如给他所需要的空间，而不要一味地纠缠。

在爱情里，我们都想成为对方的唯一，都想让对方分分秒秒地想着自己，可是人们的生活不是只有爱情，还有亲情和友情。也许在热恋时，会觉得有了爱情就等于有了一切，但是当一个人的生活真的只剩下爱情的时候，他的生活依然会感觉到空荡。

爱情是需要经营的，两个初涉爱河的人，常常被爱情的甜蜜冲昏了头，恨不得时时刻刻相守，片刻的分离也觉得漫长，如一日不见如隔三秋。然而热恋期过后，感情开始降温，开始厌烦这种朝夕厮守的生活，这个时候，就需要给爱情一个自由的空间。

很多人意识不到这样做的重要性，认定爱情就是要两个人合而为一。聪慧的女人，应该明白，即使两个人再怎么相爱，也是两个独立的个体，也有自己的生活空间。爱情也需要保鲜，尊重男朋友的私生活，同时自己也要有一些社交圈，平时也可以叫上自己的闺蜜们出去疯，除了他，我们也有能够约会的好朋友。

但是生活中有太多不懂得经营爱情的人，他们认为，只要相爱了，两个人的世界就要合并到一起，于是拼命地抓紧对方。殊不知爱情就是你手里的沙，越想抓紧，流失得越快，越想拥有亲密"无间"的爱情，越是拉远了心里的距离。

在结婚初时，他可能乐意接受你无微不至的管辖，甘心做你的臣民。会穿你每天为他放到床头的衣服，会接受你为他选定的牙膏，会老实交代自己每个小时的行踪。你以为这样就是爱了，以为在生活中的所有细节给他照顾就能抓住他的心了，以为他会慢慢习惯有你为他打点好一切而无法离开你了。

其实，当你因为某些特殊事情不得不离开他一段时间时，你就会发现事情并不是你想象的那样，他也能找到袜子在哪里，虽然把衣橱翻得很乱；他照样会填饱自己的肚子，虽然那些饭菜没有家里做得好吃；甚至他更愿意过一段独立的生活，可以和朋友下棋到凌晨而不受到埋怨，在他看来是无比快乐的事。

聪明的女人要知道，一份轻松的感情才会长久，才会随着时间越来越浓，越来越深。一味地占有只会给对方压力，爱情也随着剧增的压力而变质。不是不爱，只是力不从心；不想伤害，却只剩下了离开的力气；不是真的想放弃，只是已经找不到留下的勇气。明明相爱却要分开的爱情不是更悲哀吗？

当你的所作所为超越了他的容忍底线时，就算你是他心爱的人也于事无补，你的疲惫，他的压抑，是这份爱情的最后挽歌。所以，还是给彼此一些独立的空间吧。让他有机会想到你的好，有机会从远距离欣赏你在水一方的风华。

其实，人生美好的一切，只有在自由的状态下才能完成，并拥有。爱，不是牺牲，不是占有，而是成全。拥有爱情时，要让对方自由；失去爱情时，更要让爱自由。

心理透视镜：六分醉，七分饱，八分爱情刚刚好。凡事都要有个度，否则就是过犹不及，反而破坏了事物原本的美好。

六、温柔的女人最动人

我大学毕业后在一家公关公司实习。上午通常很忙，看到QQ头像一直在跳动，停了几分钟才把头像点开。原来是大学同学要一起聚聚。刚要回复却看见经理走了进来。她就站在我的旁边。我立刻喉咙发干、额头冒汗，连忙站起来想解释一下，经理已经转身走了。

这下我可慌了，现在还在实习期，被开了都有可能。为此很是着急，一直等着经理找我。可到下午，经理也没有找我说事儿。这让我稍微安心些。

同事老秦知道后，眼睛都瞪圆了，"你还等她来找你？趁现在没下班，赶快去承认错误吧。她要是骂你几句，也许你就没事了。"

敲门进了经理的办公室，我战战兢兢地走到她的办公桌前，"巩经理，我，我错了。我不该——"话刚说了一半，就被她挥手截住了。巩经理笑容可掬地说，"你在公司也待了快两个月了，还适应吧！"她这么一说，我汗都下来了。心想：完蛋了，她要让我滚蛋了。她见我这么紧张，笑了笑说："不要怕，有什么困难尽管提。"

然后，用手指了指沙发说，"坐，坐！你别紧张，我认为你肯定是因为真的有事才会那样的对吗？没关系，这一个多月来你的表现大家都是有目共睹的，希望你以后做得更好。"

柔性作为女人拥有的特性，不仅为男人世界所认可，更是吸引和征服男人不可抵挡的力量。女人的柔性并非指女人的强弱，而是指女人的特性，女人特有的温柔、细致和耐性是女人的优势所在。懂得运用女性的特性，实质就是掌握了女人的生存手段和竞争方式。

女性一定不要小看自己温柔的一面，这种气质往往是你立身处世的最锋利的武器，这是只属于女人隐蔽的强大权力。越是成功的女人越会恰到好处地运用自身最丰富、最本能的武器。在事业上你可能不是一个女强人，学历也可能不是那么高，厨艺也很一般，但是只要有一点就足够了——温柔。温柔会使你吸引许多人的注意。温柔的女人走到哪里都会很受欢迎。

女性的温柔是一种力量，它能让仇恨、冤屈、愤怒等不良情绪都融化掉；在女人的温柔面前，所有的利益、争吵、斤斤计较都将消失殆尽；女性的温柔就像一场悄无声息的春雨，让紧张的气氛、无奈的生活与干枯的心灵都得到滋润。温柔，对于一个女人来说，是一种诱人之美，是一种崇高的力量。

那么怎样做一个温柔的女人呢？

1. 多读书，培养自己的温柔气质

温柔的气质不是一朝一夕就能获得的，它需要岁月的侵染、学问的充实及修养的支撑。聪明、温柔的女人都爱读书，读好书。爱阅读的女人就像一本好书那样经久耐看。

2. 通情达理

温柔的女人无论对谁都会很宽容，她们懂得谦让，懂得对别人体贴，凡事都会为他人着想，绝不会让别人难堪。

3. 富有同情心

温柔的女人对于弱者、境遇不佳的人、老人、儿童和病人都会表现出应有的同情心，会力所能及地帮助他们。

4. 吃苦耐劳

温柔的女人，富裕时可以享受，贫困时可以忍受，忍受生活带给她的苦难和平庸。温柔的女人是上得了厅堂下得了厨房的人，吃苦耐劳是东方女人的传统美德。

5. 善良

温柔的女人对人对事都抱有美好的愿望，她们纯真、温厚，没有恶意。善良是滋润着一个弱小而垂危的生命的那一滴甘甜的水；善良是吹拂过少年忧伤而疲惫的面容的那一阵凉爽的微风。温柔的女人喜欢关心和帮助他人。

6. 细心和体贴

真正让人感动的不是一个女人作出了多么惊人的业绩，而是那些适时的细心关怀和体贴。

7. 温顺、柔和

温顺、柔和不是血气方刚，锋芒毕露，而是遇事冷静，不骄不躁。温柔并不等于软弱，温顺、柔和的女人绝对不会遇事就暴跳如雷或火冒三丈。以柔克刚是温柔女人的最高境界，在她们眼里，即使是百炼钢也能被化作饶指柔。

美国一项研究发现能展现温柔一面的女性更讨人喜爱。所以在职场中，聪明的女性不妨适时地展现自己的温柔。聪明的职场女性会发挥其根本特长——温柔，这样就会步步为赢。

心理透视镜：温柔的女人有一种特殊的魅力，她们更容易博得男性的钟情和喜爱。温柔的女人像绵绵春雨，令人心旷神怡。

七、男人都要面子，女人要看穿不说穿

台湾来的朋友在北京开了一家餐馆，生意兴隆，一日餐厅打烊又遇夫人河东狮吼。他情急逃至桌下，恰好客人返回来寻找丢失的东西，正好撞上，进退尴尬。这时八面玲珑的太太急中生智，拍了拍桌子说："我说抬，你要扛，正好来帮手了，下次再用你的神力吧！"他顺坡下驴，直夸夫人想得周到，一场面子危机轻轻化解。

男人需要有面子，男人也最怕失去面子。在这个社会中，男人作为主流总是十分在意自己的面子，十分在乎别人是否能给自己留足面子，在这一点上，他们从不含糊。

中国人很讲究"面子"问题，对于男人来说，"面子"比什么都重要，没有面子就没有自尊心。在这个激烈的生存竞争中，多数男人都不愿意在人前表现出他的弱小，暴露自己的无能，透漏自己的寒酸，显出自己的不如意，最主要的原因就是面子在作怪。

聪明的女人肯花心思维护自己男人的面子，把两个人的小氛围经营得越发和谐。那么聪明的女人怎么给男人留面子呢？

1. 聪明的女人不妨示弱

聪明的女人要学会示弱，很大程度上，"弱"的本身就是一种威慑力。男人们会将强势女人视为对手，却无法不疼惜柔软、温存的女人。

示弱不是真的软弱，而是只在自己的男人面前软弱，给他自信。男人需要这种感觉，需要觉得自己是天是地，是要保护你的，这时候不要摧残他的自信心和意志力。

2. 聪明的女人不妨装傻

"装傻"是一种境界，"装傻"并不是让你唯唯诺诺，忍气吞声。任何事情都有它的模糊地带，"装傻"是换一种方式，把生活中的小事模糊处理。

老公撒了谎，大可不必刻意去揭穿他，你可以诡秘地笑笑说：我只是担心你。言外之意是我已经知道了。特别是有别人在场的时候，你一定要给足他面子。

3. 聪明的女人不妨谦和些

懂得谦和与理解的人生是美丽的，婚姻需要多一份和谐，少一些计较与猜疑。谦和能润滑彼此的关系，消除彼此的隔阂。如果你的爱人刷牙后总忘记把牙膏的盖子盖上，多说几句"请"比频频向他甩出"不要"、"不准"收到的效果要好得多。

4. 聪明的女人内外有别

不管你在家里把老公当电饭煲还是当吸尘器，一旦涉及他的面子时，就要小心谨慎，就像手捧一件古老、珍贵的瓷器。给他足够的面子，才能获得"高额回报"。

5. 聪明的女人可以陪他一起流泪

其实男人很累，睁开眼便是各种责任和义务，他们不敢承认自己也非常脆弱，也有需要关怀的时候。在他志得意满时，请给予他足够的欣赏；当他遭遇了不公和挫折时，不妨陪他一起流泪。然后尽快忘却，旧事不提。

6. 聪明的女人多练心

聪明的女人如果你想给足男人面子，还要多多练心。你的修养，你的谈吐，你的风韵，你的容颜，你的智慧，你的笑容，都是陪衬男人面子的重要组成部分。要不然只有玉树临风，没有佳人相伴，那面子最外层的金边该怎么贴呢？

7. 聪明的女人是"心理母亲"

撒娇，并不是女人和孩子的专利，其实男人比他们的妻子和孩子更爱撒娇。

男人在外面受了委屈后，往往选择沉默。但当他们回到家后，便会把脆弱暴露给自己的"心理母亲"——妻子面前，以获得心灵上的"安慰"。聪明的女人，在男人撒娇时，不妨主动敞开胸怀去接受他。

心理透视镜：男人的面子是男人的死穴，男人虽然外表看上去"粗枝大叶"，但内心并不像外表那么坚强，尤其是公共场合，女人一定要给男人留足面子。

八、并排坐有助于爱情的发展

我的朋友李默和蒋鑫鑫在一家公司工作，兴趣相投的两人总是在一起吃饭。一来二去，两人的关系已经超越了普通同事，但又没有达到恋爱的程度。李默总想将两人的关系再向前推进一步，但一直没有什么进展。两人一起吃饭的时候总是习惯性地相对而坐，而且总能聊得很开心。看着蒋鑫鑫在自己面前开怀大笑的样子，李默感到很幸福，可是总觉得不是恋人的感觉，两人的关系好像一直维持在这个状态，没有办法更加亲密。

两个人，一张桌子，可以有很多种坐法，比如相对而坐、并排而坐、L形坐法（转角坐法）等。如果想加深彼此之间的关系，哪种坐法最合适呢？

心理学者库克曾经对酒吧、餐厅中同来的男女顾客进行过调查分析，研究他们的座位位置和两人关系之间的联系。

结果发现，如果是一张四人桌，而男女二人以对角线的位置斜向对坐，他们之间的关系就比较疏离。这种坐法是不想让对方进入自己私人空间的证据。人的身体距离和心理距离是成正比的，所以这种距离相对最远的坐法，说明二人的关系也不怎么亲密。同样，正面相对而坐时，虽然身体距离比斜对时稍近，但由于中间有桌子这道障碍，也不容易拉近心理距离。

采用L形坐法（转角坐法）的男女，大多是关系要好的朋友，这个位置适合聊天。而关系亲密的恋人最多的还是选择并排而坐。两个人并排地坐着或站着，会加强双方心理上的一体感。并排坐的两个人要比对坐的两个人在心理上更具有共同感。

两人并排而坐时，首先身体距离是最近的，其次由于视线不会正面相对，相互之间不会造成压力。这样一来，两个人都可以放松下来，亲密感便会油然而生。横向并排而坐或斜对面而坐时，彼此视线难以直面相对，对立性大大减少。如果再需要转头或扭动身体去对视，就会更"懒"得去做，进一步避免了矛盾的发生。与爱人窃窃私语，可以并排坐在一张长椅上，既有效交流又避免矛盾。

所以，如果你想进一步加深两人关系的话，可以调整一下约会吃饭时的座位位置，不妨试试并排而坐。

九、身体接触亲密感倍增

2010 年澳大利亚悉尼市母亲凯特·奥格早产一对龙凤胎，虽然女婴艾米莉侥幸存活了下来，但体重只有 0.9 公斤的男婴杰米经过抢救后却仍然没有任何生命体征，经过 20 多分钟的紧急抢救后，悉尼医院的医生终于放弃希望，宣告杰米已经死亡。

悲痛的凯特将没有任何生命迹象的杰米搂在怀中，和他进行"最后的道别"。凯特和丈夫戴维两人不断亲吻婴儿的脑袋，不停地和没有任何呼吸与心跳的杰米"说话"，他们告诉他父母曾如何帮他取名字，曾如何为他制订下种种人生计划，他们还告诉他他有一个双胞胎妹妹。不可思议的是，两小时后，凯特突然感到怀中的"死婴"杰米动了一下，接着杰米开始困难地喘起气来！

把婴儿抱在怀里，皮肤接触皮肤，母亲的身体可以给婴儿温暖，提供他（她）所需的温暖及安全感，并对婴儿不断地进行生命刺激。这就跟婴儿在母亲体内一样，增加了母子间的交流。

肌肤之亲是人们觉得最亲密的关系，生理上，皮肤接触对于心理健康尤其重要。幼年时期，双亲的抚爱，特别是母亲的抚爱，不仅对身体的发育、皮肤的健康及由触觉所带动的整个感知能力的提升起着促进作用，而且在心理的健康发育方面也尤为重要。

在青壮年时期，恋人、配偶间的抚爱也很重要，没有抚爱过程的两性关系是粗鄙而不利于维系情感的。

从心理学的角度来看，女子较重感情，思考问题也大多凭感觉，而且她们的感官比男性更敏锐，尤其是触觉，女性习惯于用触觉的感受来替代语言的表达。所以，男人在和女友约会时，不仅要用耳朵听她说些什么，还要用眼睛看她做些什么。只有这样，才能更准确地洞察到她心里的真实意图。

女人除了喜欢撒娇、发嗲表达感情外，更喜欢用身体的接触来向对方表达自己的善意和亲密，所以男人除了要倾听女人说的话外，还要用眼看她的行为表达。当女人羞于或不善于用语言来表达自己的感情时，她就习惯于用身体接触这种最原始，也是最直截了当的方法作为传达自己感情的手段。

有的男人不理解女人这种表达亲近的方式，当女友的身体紧贴着他的时候，便心花怒放，误以为她对自己有肉体上的欲望。结果他恐怕会很失望。女人触碰男人的身体，并不完全是要进行肉体上的接触，更多的是来自精神上、心理上的亲近感，她或许只是以此向你表示好感和亲近罢了。仅此而已，切莫想入非非。

每一个人都有一种心理上的"警觉"，即人的"势力范围"感觉。当一个人以自我为中心，并向四周扩张，形成一个蛋形的心理防御空间时，一旦其他人侵入，就会引起他（她）的紧张、警戒和反抗。越是陌生的人，彼此之间心理距离越远，身体之间的间隔也就越大。反之，心理防御空间的距离就会逐渐缩小。

例如，正常的夫妻之间，父母和子女之间的关系最为亲密，所以他们之间的心理距离能缩小到零，即产生肉体间的紧密接触。

因此，如果你的女伴在走路时，总是喜欢挽着你的手，或是触碰你的身体，说明她和你的心理距离已大大缩短，她不在乎你侵入她的"势力范围"。

心理透视镜：身体是有记忆的，而且带有隐形的印迹。尤其是那些缺少父母抚摸的身体部位，逃避身体接触，是为了不打开痛苦记忆的枷锁。

第十四章
CHAPTER 14

做完美家庭的舵手
——女人要懂的家庭心理学

每一个家庭在人生的航线上都需要有一个舵手。这个舵手某种程度上决定着家庭的兴衰，好舵手是幸福家庭的必须。幸福家庭的舵手应该由女人担任。聪明女人会发挥舵手的作用和本领，巧妙地避开暗礁和冰山，这样家庭的航船就会直行在幸福的航线上……

一、"望夫"不如"旺夫"

我的一个闺蜜生活在一个优越的家庭，大学毕业后到一家企业做设计，父母希望她找一个家庭条件优越的男人，可是她心目中的男人一定要有理想、踏实肯干。

后来她认识了志勇，志勇家境贫寒，初中毕业后上了中专，由于学历低，只能做一些辅助工作，但他学习刻苦，工作认真。这样的婚姻得不到父母的支持，不过他们的生活很简单也很幸福。

由于单位效益不好，开始进行人员分流，像志勇这样学历低的人首先被分流到销售，前两个月志勇一分钱也没有拿到，连基本工资也没有，她没有责怪老公，并帮他仔细分析了销售思路，结果在第四个月，志勇终于拿到了一个40万元的订单，奖金就有4万元！拿到奖金的那一刻，志勇像个孩子一样的放声大哭。

从此之后志勇不断改进自己的销售方案，业绩不断提高。她偶然看见一家工厂要向外承包，正是志勇销售的产品，于是她与老公商量承包这个工厂，志勇很犹豫，但在她的鼓励下，志勇终于决定试一试。

经营企业不是一件容易的事，由于缺少资金，她把他们的房子卖了，由于不会经营，厂里严重亏损，看着志勇一筹莫展的样子，她动员自己的父母帮助老公，终于在第二年，工厂扭亏为盈，他们赚到了第一个100万元。

热爱生活的女人们要知道，与其指望对方给你想要的生活，不如帮他成就事业。

很多女人会抱怨男人没权没势、没房没车，抱怨男人个头不高、模样不帅，抱怨男人不懂情调、不会浪漫……选择什么样的男人很重要，但如何经营好你的婚姻更重要！

婚姻是一个漫长的过程，婚后的女人，很少再听到恋爱时的甜言蜜语，会变得爱抱怨，爱唠叨，会感觉生活枯燥、乏味，没有激情。

在男人看来，婚后就没必要天天制造惊喜讨好你了，他要把更多的时间和精力用在赚钱养家上，在外努力打拼，让你和孩子过上更好的日子，这也是他爱你的一种方式。没有浪漫、温馨，却比浪漫来得更实在。婚姻中的女人试着去接受婚姻的本貌吧。

如果他在恋爱时所超常发挥的那些情商此时变为零，女人不妨主动承担起制造浪漫的重任。浪漫也不一定需要红酒和玫瑰，真心的一句赞美、一点体贴和关心、偶尔的一份小礼物，也同样能营造出浪漫的婚姻。

女人都渴望拥有一桩完美而又成功的婚姻，但成功的婚姻不是等来的，也不是男人给的，是靠女人用自己的双手和智慧经营得来的。当他在生活中因忙碌而忽略你时，作为妻子应该学会理解，懂得体谅。

随着时间的流逝，激情总会归为平淡。夫妻在生活中有点磕磕碰碰是必然的，不要把对方的缺点放大，要学会积极地沟通。夫妻之间更需要相互尊重，在事情没有确定之前，不要去猜疑、计较，有时它会伤了别人，更会毁了自己。

假如他真的一不小心误入毒草深处，你该伸出援手及时挽救，而不是埋怨，甚至痛击。信任和宽容才是维系婚姻最重要的纽带。男人的情感控制能力关系到成功，女人的情感控制能力则关系到幸福。

男人就是孩子，需要女人的关心和呵护；有时男人很感性，只要你能感动他的心，他就会对你产生依赖；男人是女人手中的风筝，不仅要放出去，更要收得回来。

二、赞扬是幸福的催化剂

同事王大姐的丈夫很懒惰，从来不做家务，无论王大姐如何唠叨、指责毫无效果，王大姐无奈之下只好求教于心理医生。得到心理医生的指点后，王大姐一反常态，不再唠叨、抱怨，代之以刻意观察寻找丈夫偶尔表现出来的良好行为。

有一天，王大姐的丈夫无意中洗了一次自己用过的碗，于是王大姐大加赞赏，并承诺做几道好菜予以鼓励，丈夫心里颇为受用。又一次，她的丈夫又无意中顺手洗了自己的袜子，王大姐马上如法炮制，大做文章。渐渐地，她的丈夫感到家庭颇为温暖，一回家即主动寻找家务活，并逐渐乐在其中。

赞美他人是女人在处理人际关系中的一种技巧，学会赞美他人的女人会用口才去推广自己的影响力，并在无形中增添自己的魅力，使别人更乐于接纳自己，所以赞美他人的女人会使自己越来越美丽。

恋爱时，我们都是花前月下、卿卿我我、甜言蜜语，赞美之词随时道来。但婚后男人们对赞美之词却十分吝啬，女人们也是越来越多的抱怨、指责。我们都以为结了婚就如爱情进了保险箱，用不着像婚前那样挖空心思讨好、赞美对方，因此很多夫妻婚前甜言蜜语，婚后争吵不休。

大多数男人不懂得婚后妻子更需要丈夫的欣赏，每一个女人都喜欢丈夫看到自己身上的优点，即使是把身上的优点说上一万遍也听不烦。女人往往对别人的肯定有些痴狂，她们更看重生命中的另一半对她的肯定和鼓励。

男人们也一样，家人的感谢和赞美是对他们唯一的奖励，他们在生活、工作中渴望妻子的鼓励。爱情进入婚姻后，温度渐渐变冷，这时我们就要学会时不时地去给感情升温，其中最好的办法就是彼此之间多一些赞美，少一些指责和抱怨。因为婚姻需要赞美，就如同女人每天需要鲜花一样。

在婚姻里立一面镜子，常常看看自己，时不时地换位思考！再以一份责任，两份关爱，三份包容，四份付出，五份信任为引，用爱的温度慢慢地熬！还要再加上六份互相赞美，这样，婚姻才不会生病、不会老去，我们才会永远幸福。

适时的赞赏是储蓄感情的良方。大凡有矛盾的家庭，都是赞赏严重不足的。正因为赞赏的欠缺，才会常常自我赞赏。自我赞赏在女士身上，又往往以絮叨这种表现形式为开始，在男士的沉默或暴躁中结束；男士的自我赞赏多闷在心里，着急时会千言万语归为一句话："我还不是为了这个家！"

赞赏，不是人事鉴定，更多是一种感性的东西，是对对方价值和付出的肯定、认可和尊重，可以起到"一句好话三冬暖"的效果，化怨气为力气。仅在心里记着对方的好处是没有用的，还要表现在口头上，落实在行动中。要记住，如果你想赞赏对方，任何小事都会有闪光之处。

心理透视镜：如果没有赞赏，婚姻就不会幸福。赞赏是婚姻的兴奋剂，要想让婚姻幸福、家庭快乐，就要学会赞赏的技巧。

三、体贴是最不可缺少的

邻居的一位妹妹在读研究生的时候认识了她现在的丈夫——李勇。那时候，李勇追她追得很紧，她要什么给什么，花前月下、甜言蜜语一箩筐。两人交往两年后结了婚。李勇经营自己的公司，她在家里做全职太太，婚后，李勇不再像以前那样对她甜言蜜语了，她每天做家务，给李勇做饭，李勇也没有表示过感谢，她觉得李勇是不是不爱她了？

爱情没有完美的，爱的过程中一定会有开心和不开心的事情，每个姑娘的心里都有一小冰块，体积虽小却不易溶化，既硬又冰。如果你想溶解那块冰必须先以温柔的语言消释她的戒备。

当你发现配偶工作很多，没有时间与你接触，忙得不可开交，或者不像往日那样"热情"时，要体谅、同情、关怀对方，并注意把握分寸，最好别开玩笑，不要纠缠不休。

现代家庭夫妻矛盾的产生多数是由于一成不变的夫妻模式所导致，矛盾的出现多半是对夫妻生活模式不满的结果。而要解决这种家庭矛盾，冷静、耐心、体贴是最不可缺少的。

夫妻关系是人际间最亲密的关系，态度的亲近能促使心灵的接近，"老夫老妻"间的甜言蜜语更是不可少的。

在大都市的街上，老年夫妻手携手逛街并不鲜见，虽然步履缓慢，却展示了人世间温馨、永恒的爱。

四、须知：亲情大于爱情

女儿问：什么是爱情？

爸爸说：爱情就是爸爸什么都没有，妈妈依然嫁给了爸爸。

妈妈说：爱情就是爸爸什么都有了依然爱妈妈。

女儿又问爸爸那什么是亲情？

爸爸说：亲情就是妈妈绝不会让你嫁给一个什么都没有的人。

妈妈说：亲情就是爸爸绝不会让你嫁给一个什么都有却不爱你的人。

爱情与亲情，这两个名词组合在一起，就会闪现出一个字：爱。

爱情，是男女双方的相互依赖、相互爱恋的感情，亲情是有血缘关系的人在日常生活的相互照顾、相互关心中不经意流露出来的感情。而这两种情缺少了爱的参与，就构不成情了。不管是爱情还是亲情，无私的奉献与给予都是维持这份感情的基础。

有人说，"左手亲情，右手爱"。爱情之于亲情多了份浪漫与传奇，却少了几分踏实与安分。爱情的魔力在于，此刻的陌路人，在相视一笑的邂逅之后，也许就能够编织出一段倾城之恋。但是，爱情也总是让人患得患失，此刻身边的恋人，也许下一刻就是陌路人了。

古今中外留下的爱情故事足以让我们的眼泪流干，不管是爱恨交织还是缠绵悱恻的情节，在打动我们感性的心灵时从未失败，也许就是因为感性我们都保有一份对爱情的美好向往与憧憬，才使我们从未失去对爱情的热情与迷恋吧。

人毕竟是有感情的动物，两个人在一起久了，爱情就不再是单纯的思念与被思念关系了，而是一种息息相关的依恋关系了。

亲情是一种微妙的感觉，是一丝不经意间的牵挂、惦记，是只要是有生命的动物都会拥有的本能反应、原始能力。亲情是一种本能，这是一种不需要刻意去制造的强大执着与坚强。

爱情和亲情并非矛盾的，爱情会慢慢地转变成一种亲情。当两个完全不认识的人由相识、相恋到相知，结合后便产生身心相合的亲情。

步入婚姻的殿堂，有了爱情的结晶，此时，双方的感情不再是意气风发时的一时冲动，而是责任在身时的坚守。爱情在有了结晶之后双方便有了血脉相连的关系了，这是一种超爱情的力量。

从此，婚后的男女不仅需要考虑自己的感受，为了孩子他们必须无畏无惧了，又必须考虑周全，这时亲情的力量就散发出来了。但是原本属于爱情的那份悸动呢？也许恋爱时每一句关心与问候都是经过精心挑选与打磨的，而出门前的那一句叮咛却是出于习惯。

没有亲情的爱情是脆弱的，不可靠的，彼此之间连亲人的感觉都没有，这样的爱情还会长久吗？男女双方因为有了爱而走到一起，虽不奢望时时浪漫满屋，但却希望能够风雨同舟，相濡以沫。维系感情生活的并不是恋爱时的花前月下、卿卿我我，而是结婚后的柴米油盐酱醋茶，生死与共的责任和亲情，这才是爱情，也是我们所说的亲情。

在这个世界上，爱你的人和你爱的人可能不止一个，一旦你确定了哪一个和你厮守终生，那就要坚信此人会带给你一辈子的亲情和温暖。

爱情之于亲情的转变是一场完美的结合，祝福所有在围城内外的人，希望有情人终成眷属、白头偕老。

 心理透视镜：爱，让我们感动，家人的陪伴，爱人的牵挂，随着岁月的流逝，感情就会累积，慢慢加深。珍惜感情，就像珍惜食物和水一样。

五、会撒娇的女人惹人疼

我的同学姗姗是个会撒娇的女人，当老公下班回来后，她就会对老公说："老公，你回来啦，好辛苦哦，想你了呢，抱抱。"当老公劳累了一天回到家中，听到这些话，再累也觉得是甜的。接着她就会端茶倒水，然后把一双小巧的手搭在老公肩膀上，俯身来一个香喷喷的吻……她这样撒娇，老公总是很受用，因为他知道家里有个人等着他回去。

生活就像一杯普通的茶，只有加上"撒娇"这种调味品，才能散发出更加诱人的香味。

撒娇是女人的天性，作为人与人之间一种柔和的情愫，撒娇绝对是女人自然魅力的流露和展现。撒娇是女性的一种武器，一种资源，是化解矛盾的手段。

撒娇几乎是女人们的专利。撒娇是女人这道风景线里一抹亮丽的色彩，会撒娇的女人总是特别有女人味，举手投足之间，总会让男人为之心动。女人总是希望得到男人更多的爱，这份爱如一泉井水，取之不尽，用之不完。

会生活的女人都懂得撒娇在爱情中的妙用，她们用这个"绝招"为自己的爱情增添了许多色彩。

撒娇的女人是幸福的，女人的美不在外表，而在具有包容心和好脾气的个性，会撒娇的女人可爱、美丽，更加惹人疼。

在男女互动中，撒娇是一种很特别的行为，能让人感到很窝心，甚至在男女陷于紧张敌对的处境时，适时撒娇也可以化解敌意。

撒娇对于男人来说简直是无往不利。再坚强的男人，一旦碰上女人哀怨的眼神、柔声细语和楚楚可怜的表情，百炼钢也能化成绕指柔。女人不需要太漂亮，但一定要懂得撒娇。抿着小嘴，跺着小脚，眨着小眼，舞着小手，再加上一副梨花带雨的样子，心肠再硬的男人也会甘拜下风。

"小鸟依人"型的娇弱女子更能深得大多数男人的喜欢。但凡男人都喜欢看到女人撒娇，女人在男人面前适度撒娇，更有利于体现男人的强者形象，使男人这种微妙心理优势得到满足，更能激发一个男人的爱和可爱的情愫。

当女人撒娇耍无赖时，男人的幸福感便油然而生，感觉特温馨、特真实，这才是生活。女人只要会撒娇，男人一定会好好宠你，好好爱你，让你做一个幸福的小女人。

爱情有时候是没有道理可讲的，有时候称赞一下男人的才干，他就会更卖力地工作；只要你撒娇地抱他一下，他就不会生气动粗；只要吻一下他的嘴，他就不会口出恶言……只要你懂得撒娇，就能享受他无微不至的爱。何必因为小事而和他争得面红耳赤呢？

女人要想在爱情这场战争中赢得胜利，就要学会利用撒娇这件利器，这样才能牢牢抓住男人的心。那么，怎样撒娇才不会让男人觉得烦呢？

1. 要充分利用你的眼泪

女人的眼泪是最能打动男人的武器之一，把自己的委屈或痛苦讲给男人听，会让他对你顿起怜惜之心，然后顺势趴在他的肩膀上伤心地哭泣，这让他怎能不被你的"武器"击倒。不过要切记，眼泪的妙用在于精而不在于多，如果如江水般泛滥，那么就只能将男人"冲"走了。

2. 要在男人面前表现出你的幼稚

在男人面前，女人适当地表现得幼稚一点，显示出他的智慧和风度，会让他很受用。当然，该聪明的时候还是要聪明起来的，要不然男人会认为你很"白痴"，最后难免不会"吓"跑。

3. 时常露出一脸"娇羞"

不知从什么时候开始，"秀色可餐"已经变成"羞色可餐"了。女人的娇羞？最迷人的一种女性美，绝对是吸引男人并增加情调的法宝。

4. 适时展现如水的柔情

女人的柔弱也是打动男人的一种武器，会让男人的正义感瞬间喷发，不仅可以让你得到他的呵护，还可以满足他英雄主义的虚荣心。但是，需谨记，聪明女人的最高境界是懂得装柔弱，并不是要你真的如"林妹妹"般病体柔弱，那样即使男人再宠爱你，你也无福消受了。

撒娇作为一种女人应掌握的能力，会让你的爱情和生活甜甜蜜蜜，幸福长久。最聪明的撒娇，就是要收放自如，聪明的女人要记住，无论到了何时何地，男人对温柔体贴、懂得撒娇的女人是抗拒不了的。为了获得甜蜜的爱情，做一个有心计的撒娇女人吧！

> *心理透视镜：女人撒娇要"适量"，最好能够把娇撒到"点"子上。聪明的撒娇女人，能把娇撒得不偏不倚，让男人舒舒服服的同时也会对她俯首帖耳。*

六、越吵越爱：甜蜜地斗嘴

我的一位邻居和她丈夫结婚5年，她丈夫是个非常优秀的男人，高干子弟，知书达理，文质彬彬，长得高大帅气。无论是长相还是条件都可以成为女人致命的"杀手"。她在银行工作，她丈夫在一家事业单位上班，两人的收入不低，家里住的是宽敞的三居室，地下车库里停放的是奥迪A8。

可是最近她却离婚了，这样让人羡慕的生活，小两口会因为什么事情分道扬镳呢？

她说，他表面上看着高高大大，挺威风的，其实很懦弱。在单位，受了委屈，不敢据理力争，总是一忍再忍。在家里，和他商量事情，他总是以一句"你决定吧"了事，有时她生气发脾气，对着他大吼，他要么低着头不说话，要么躲出去。

用她的话说，他们两个结婚四五年，从来都没有"勺子碰锅沿"过，她说她好羡慕那些吵架吵得痛快淋漓的夫妻。

不吵不闹不成夫妻。有的夫妻，三天一大吵，两天一小吵，一吵起来大有上房揭瓦的架势，可是用不了多久，两人又如胶似漆，好得跟一个人似的了。吵架是一门学问，会吵架也能让爱情越来越甜蜜。正所谓打是亲，骂是爱。若想爱情长久，偶尔吵吵架，给爱情添点儿作料，麻辣一点儿，对增进夫妻感情是大有裨益的。

俗话说：没有勺子不碰锅沿的，也没有舌头不碰牙的。其实，吵架也是很简单的，每个家庭都有着自己的幸福特色，也有着自己的吵架特色。

不吵架是不可能的，总是吵架是不行的。夫妻吵架关键是要懂得一些吵架的艺术，夫妻之间的感情才会越吵越深厚，越吵越恩爱，越吵越甜蜜。

1. 天上下雨地下流，夫妻吵架不记仇

夫妻没有过夜仇。"百年修得同船渡，千年修得共枕眠"，夫妻之间这份情感和缘分要倍加珍惜。

2. 避免指责对方

若是对方实在不像话，也可以顶撞他几句，但是说话要有分寸。所谓一只巴掌打不响，当两人起争执时，不能只要求对方道歉认错，自己也要反省，说不定是自己煽风点火才把争执弄得不可收拾。

3. 给双方台阶下

避免战火继续扩大，必须在争吵加温之前降温灭火。婚姻幸福的夫妻通常有一些方法来降降彼此的火气，如可以先离开争执现场一会儿。有时候还可以用幽默化解，如做做鬼脸、吐吐舌头、说几个笑话等，用幽默的方式先把彼此的情绪冷静下来。

4. 就事论事

为什么事情吵架，把事情说清楚即可。不要无限扩大，不要乱扣帽子，更不要无端地横加罪名。

5. 绝不动手

吵架时，人的情绪都很激动，怒发冲冠，怒气冲天。但是决不能动手摔东西，动手打人。尤其是男方要注意，这是千万要牢记的。

6. 不可离家出走

女人要记住：双方吵架之后，不能一走了之。聪明的女人会这样想：我哪里也不去，这是我的家！我为什么要离开自己的家呢，不能主动把阵地让出来。

7. 短时间结束吵架

夫妻吵架是有一种心理过程的，都想以自己有理来压制对方，结果是互不服气，却是越说越气。事实上，吵架没有什么大的原则问题，也争不出输赢，不妨来个耍赖、撒娇，床头吵床尾和，越吵越甜蜜。

心理透视镜：两口子吵架是夫妻生活的必需品，但是切记，无论多么严重多么激烈，争吵之后，照常说话，夫妻还是夫妻，日子该怎么过就还怎么过。

七、装嫩又何妨，它是调整女人心态的良方

装嫩的英文单词是 GRUPS，其出处是 20 世纪 60 年代一部非常受欢迎的科幻电视剧《星际迷航》，星际宇航员柯克船长驾驶的太空船意外降落在一个奇特的星球上，在那里，成人在一次病毒的袭击中死亡殆尽，统治者是一群永远也长不大的青少年，他们把自己叫做 GRUPS；而那些不能永远保持青春的人将被统治者赶出星球……

装嫩作为女人的专利，只要表演适度，发挥自然，除了让你年轻好几岁外，还能给人留下纯真美好的印象。对于女人而言，还有什么比年轻更重要呢？

水汁充分的肌肤，饱满、光洁的额头，毛茸茸的鬓角，富有弹性的杨柳小蛮腰，款款而行，一唱三叹，人生之华彩乐章。即使是个胖丫头，也会让人感到新鲜和结结实实的快乐。

女人扮嫩是一种需要。随着时间的流逝，或许你的脸庞不再紧致，腰身不再玲珑，这意味着什么？失宠！来自男人、上司、单位、社会方方面面的"宠"，甚至包括过往行人的目光。扮嫩是深入女人心的时尚，我们的心灵可以做常胜将军，经过修炼，我们可以永远做一个可爱的心灵孩童。

不管年龄有多大，都要学会装嫩，因为男人的天性就是保护，想让自己的老公永远疼着自己，爱着自己，宠着自己，保护着自己，你就要学会装嫩。

装嫩是一种轻武装。几乎每一个人都有一颗向嫩的心，以抵御复杂，保

持天真；对抗衰老，延长青春。装嫩，比"卖老"单纯，也比"端着"诚恳，它有关美、资格和力量，是自我保护和心灵的飞扬。

平凡的都市女性，由于对容颜衰老的恐惧，对红尘纷扰的抗拒，从而心生"装嫩"情结。装嫩一般从穿着打扮、语言表达、行为方式等来展现，比如减龄打扮，撒娇，装无辜，发呆，偶尔心情忧伤、惆怅，读诗，看落日、月亮，养花草，还有不安分的眼神……

这样的装嫩，似乎不仅是留恋青春，还是自我解放的一种方式。装嫩的女人，对生活的态度是积极乐观的。

装嫩最简单而且不讨人嫌的办法，就是保持一颗天真的清心。如果你永远保持一颗18岁的心，那么，你的外在也会跟着你一起绽放光彩！这是一种心理化妆，给渐渐城府的心一些阳光。

拒绝老气横秋，拒绝呆板僵化，与其说是"装嫩"，不如说是热爱生活、拒绝循规蹈矩的生活方式。所谓乐天，就是保持一颗年轻、快乐的明亮心。

年轻、快乐就是美，装嫩也是一种美德。

心理透视镜：装嫩是一种时尚，是一种情调，生活就是要让自己轻松、快乐起来，但装的时候戏要足，或许你的"嫩"能够影响爱人与你一起重回青春。

八、做个聪明的"笨"女人

我的一位好友与丈夫各自经营一家公司，生活条件不必说，可是她的丈夫却出轨了。一天，一个叫小乔的女人给她打电话，约她见面。她知道这个叫作小乔的女人就是丈夫外面的女人。她骨子里的好胜欲望蠢蠢欲动，她被一场即将拉开的战争呼唤得有些激动，她认为，凭她出众的容貌、名声显赫的老总的职位、过人的智慧，那个女人竟然敢跟她谈事情，那个女人太愚蠢了。

她仔细端详自己的对手，心想：我们绝对是两类人，她低眉顺眼、说话声音小，扔到人堆里绝对找不出来。

可是她的丈夫却为了这样一个"笨"女人选择净身出户，她崩溃地问："为什么？我哪点比不上她？"她的丈夫说："她什么也比不上你，学历没你高、长得没你漂亮、能力没你强。可是，她却能给我家的感觉。她会为我做饭、会依赖我，在你身上我看不到这些。"

男人总有虚荣心，再成熟的男人，也希望自己爱着的女人给他宽容和理解，又希望她有一份童心，能跟自己傻傻地、真实地相处。与这种"傻"女人在一起，男人觉得既安全又温馨。

1. 生活不能太较真儿

与家人、朋友私下的交流不同于工作场所，太较真儿会让人感到无趣。过日子，很多时候不能太过较真儿，谁还没犯过错？这时候应尽量展现你的笑容，女人单纯的特质，在男人眼中绝对是优点。

2. 扮演好你的角色

事业成功的女人，婚姻失败的故事听得实在太多。现在能干的女人很多，在单位发号施令、独当一面，在家里也是风风火火，事情不论大小，全部都扛了起来。但是这种付出，做丈夫的却不一定领情。

懂得经营婚姻的女人知道，事业当然紧要，但不会忘了女人的重要角色是妻子。

女人说到底就是女人，家庭幸福，老公宠爱，我们才能找到生命的归属感。清楚自己的家庭角色，维护丈夫的尊严和守住丈夫的心，是每一个女人的责任。

3. 男人的事，女人不要越俎代庖

无论外表强悍还是文弱的男人，他的内心里都希望自己能给予女人渴求的安全感，他认为保护自己爱的女人是天经地义的。为心爱的女人遮风挡雨，这也是男人的一点虚荣的自尊。

聪明的女人会表现出对一个男人的爱情和力量的渴望，如果一个女人适时地流露出天真和弱小，那么这个男人就会心甘情愿地为她付出，并且会一

直沉浸在顶天立地的美好感觉中。

4. 别戳破老公善意的谎言

美满的婚姻生活里，不但需要我们坦诚相见，在某些时候，也需要一些善意的谎言作为感情的润滑剂。当男人的谎言是为了家庭的和平时，做妻子的最恰当的态度就是"糊涂"。男人都是坚强的、理性的，每个成年的男性都会有意无意地维护这种感觉，这是男人的另一层衣裳，做妻子的，即使对他的底细了如指掌，也没有必要戳穿他。

聪明的女人会乐于相信男人的谎言并默认它，她们面对男人那一堆一堆的爱情诺言不作批驳，反而自己十分认真地从中寻找被爱的温暖和幸福，她们一方面佯装糊涂，一方面却又体味着爱情的甜蜜。如果做妻子的能够把握好这种糊涂的火候，那她一定是最幸福的、最具有智慧的。

做聪明女人太累了，做笨女人太愚蠢了，做聪明的笨女人最好！她们不会去羡慕没有实质的东西，别人再怎么好那也是别人的，只有自己现实的生活才是自己的。有些事，聪明的笨女人宁愿装作不知道，对于她们来说，放开比放不开更明智，人世间最快乐的事，就是自己快乐，身边的人也快乐，有些事不知道比知道会更好。所以，聪明的笨女人最快乐。

心理透视镜：男人喜欢女人的"傻"，不是指智商，故作聪明的女子是抓不住男人心的，那种看上去傻傻的、心里却有谱的女子却能抓住男人。

九、嫉妒让婆媳成为"天敌"

婆婆无论是行动上还是言语上都变得有点刻薄，一向乐呵呵的她也收起了笑脸。我明显地感到了异样的气氛，然而又不知自己究竟哪儿做错了。

吃完晚饭，老公和婆婆都坐在沙发上看电视，我问婆婆："妈，这两天，你怎么了？"

婆婆不满地说："前天早上，你在屋里睡觉，你老公在屋里工作，我看他起来了就去给他送早餐，我进去的时候手脚动静是大了点，可能叮叮咚咚地吵到你了，可是他的那个反应，我想到就生气！"

我不解地说："妈，我当时正在睡头上，真没听到老公说你什么了，到底怎么了？"婆婆恨恨地白了老公一眼说："他马上追着跑出来指责我，说我动静大，吵着你了！我这当妈的给他送吃的也不讨好啊！"

婆婆的指责说得我心里居然有点小甜蜜，一旁的老公突然扑哧大笑起来："妈，我听明白了，您这是吃醋了吧！"婆婆的脸红了起来。

一个男人，两个深爱着他的女人，这样的家庭注定有混乱和矛盾。世界上只有一个女人不会妒忌你，那就是你的亲生妈妈。在婚姻的初期，婆媳关系难以协调是很正常的现象。虽然多数婆婆尽量去接受新媳妇，但内心深处总有儿子被夺走的强烈感觉。

看到儿子对媳妇的百依百顺和柔情蜜意，做母亲的总会本能地抱有嫉妒情绪。如果夫妻感情不好，母亲就会担心儿子吃亏；倘若夫妻感情太好，母亲则又担心儿子的身体吃不消。对待小夫妻感情的处理，在婆婆面前，永远是一个画不好的圆。

做母亲的总是非常疼爱、关心自己的儿子，在她的潜意识中，是不希望有其他的爱来干扰母子之间的爱的。

然而，这是不切合实际的，当儿子成家之后，他必然会将对母亲的爱一大部分转移到媳妇身上。有不少母亲因适应不了儿子对自己的"爱的转移"，而在心中滋生出一种说不清楚的妒忌与不快，尤其是那些嫉妒心强的婆婆，看到儿子和媳妇如胶似漆的样子，心里更是有一种说不出来的滋味。

于是，当婆婆的就要"找茬"，就要寻找各种时机将这种"说不出来的滋味"发泄出来。因此，媳妇对儿子的种种撒娇表现就成了婆婆发泄的最好借口。

如果要长治久安地生活在一起，作为媳妇，心中就要有个准则来制约"嫉妒"这个小恶魔。

聪明女人们必懂的1000个心理学常识（图解案例版）

1. 对婆婆心存感恩

作为一个有修养的媳妇，要对婆婆抱有一颗感恩的心。别的姑且不说，每天和你肌肤相亲的爱人是婆婆含辛茹苦地拉扯大的，也许她给不了孩子良好的物质条件，但是每个母亲对孩子的爱都是无价之宝，是无法衡量、无法比较的，仅此一点就应该感谢婆婆。

2. 主动示好，满足她的需求

一般老人孤寂感比较强烈，同时又担心媳妇不尊重她，在这种情况下，做媳妇的就要理解婆婆的心境，体谅老公的为难，主动向婆婆示好，尽量满足婆婆的需求，这时你才能真正体会到"心底无私家庭和"给自己的生活带来愉悦、坦然和轻松。

3. 不在婆婆面前跟老公撒娇

在婆婆面前不要跟老公撒娇，那样会引起婆婆嫉妒，婆婆把你老公从小抱到大，可是自从儿子长大了，就不再跟妈妈撒娇了，这会让婆婆产生失落感。所以想撒娇关上门随你们去。

同时还要在婆婆面前适当地表达对老公的关心，让婆婆时时感受到你对丈夫的关爱与照顾，她才会从心底里认同你，放心将儿子交给你。

作为儿媳，你要理解婆婆的心思，一个她辛苦养大的儿子现在却对你呵护备至，你要仔细体会婆婆内心的脆弱、忧伤和失落。

女人的心思实在太微妙、太复杂，不能指望男人把两边都拿捏得好好的。婆婆和媳妇，是敌人又不是敌人，是母女又不是母女。所以，女人别嫌累，要不厌其烦地学习与婆婆相处的技巧，要永远记着婆婆是女人，女人何苦为难女人呢？

心理透视镜：婆媳产生矛盾可以用心去慢慢磨合、相互适应，婆媳之间发生矛盾和挫折后，更不要去追究谁对谁错的最终结果。

十、丈夫成了夹心饼干：可怜的"布里丹毛驴"

一位高中同学心洁与张鹏的婚姻甜蜜得让人羡慕。但是，婚后的婆媳关系却让两人苦恼不已。

有一次，她下班后回婆婆家吃饭，在楼道里听到婆婆与人嘀咕："我们家媳妇啊，气量小，不尊重老人，还不知道体贴我们鹏鹏"。她听后很是气愤，一声不吭地回到屋里，丈夫和她说话她也不理。

吃晚饭时，她看到有自己喜欢的红烧排骨，就多夹了几筷子，婆婆就不阴不阳地说："不要吃得太多了，当心吃坏肚子……"

原本打算住在婆家的她坚持要走，于是张鹏只得和她回了家。面对妻子显而易见的怒气，张鹏耐心地询问她。她却一头扎进丈夫的怀里，呜呜地哭了起来，弄得张鹏丈二和尚摸不着头脑。

妻子与母亲的不和，使张鹏成了一个真真正正的"三夹板"，但张鹏努力想改变妻子的认识，他与母亲进行了开诚布公的谈话，母亲逐一作了解释，

说根本不是这回事。她却坚持认为婆婆在狡辩、在抵赖，她回了丈夫一句"公说公有理，婆说婆有理"之后，掉头就走了。

本来很好的夫妻关系因为婆媳关系蒙上了一层阴影，夫妻之间再不像先前那样亲密无间、无话不说了。

在家庭关系中，除了夫妻关系外，最棘手的恐怕就是婆媳关系。丈夫处于"中间人"的位置，

进退维谷，左右为难。

哲学家布里丹养了一头小毛驴，他每天要向附近的农民买一堆草料来喂。这天，送草的农民出于对布里丹的敬仰，额外多送了一堆草料放在旁边。这下子，毛驴站在两堆数量、质量和它的距离完全相等的干草之间，十分为难。它虽然享有充分的选择自由，但由于两堆草料无论从哪方面讲质量都一样，所以它犹豫着不知道改选择哪一边。最后这头毛驴就在犹犹豫豫、无所适从中饿死了。

这个故事称为"布里丹毛驴效应"，阐释了一种决策过程中犹犹豫豫、迟疑不决的心理现象。

男人由于自己在家庭中的强者角色，通常都承担着解决家庭矛盾冲突的主要责任。在家庭中，难免有婆媳等其他矛盾与夫妻矛盾的相互交织与激化，所以，作为矛盾冲突主要责任承担者的丈夫，也有相当可怜的一面。

如何不让老公成为夹心饼干呢？

1. 做媳妇的要多承担一些家务工作

凡事抢在前头去干，干的时候要心平气和，不要带着怨气，老人是最容易受感动的，也许这样他们反而不让你去干家务活了。

2. 不要在丈夫面前说婆婆的坏话

我们不喜欢婆婆在丈夫面前说自己的坏话，同样，作为婆婆，也不会喜欢媳妇在儿子耳边嚼舌根。尤其现在的男人，很多是非常愚孝的。女人还需要记住，更不要在外人面前说婆婆的坏话，一不小心传到婆婆耳朵里，会起更大的风波。

3. 适当满足老人正常的心理需求

在家庭气氛比较愉快的时候，多和丈夫一起陪老人拉拉家常，付出了爱心，才能让家庭舒心、爽心。

4. 不要跟婆婆吵架

不管婆婆多么无理，也不要跟婆婆吵架。作为晚辈的媳妇唾沫横飞地跟婆婆对着干，怎么都是不对的。

5. 把握好对待丈夫的态度

在婆婆面前，如果对丈夫太亲昵，婆婆看了会觉得你很不自重，无论二人世界你是如何撒娇的，至少在长辈面前应该收敛一点儿。如果对丈夫很冷淡，抑或对丈夫评头论足、指手画脚，婆婆的心里更是难受。

媳妇在婆婆面前一定要给丈夫留足面子，让婆婆心里得到平衡，同时也要防止婆婆吃醋而不宜有太多的亲密小动作。

女人要学会不要让丈夫在婆媳关系中处于尴尬地位，不要让他为难，更不要跟自己过不去。多一份观察，多一份坦率。对于老人，多一份谅解；对于丈夫，多一份理解。要谨记，女人要做的不是让自己更痛苦，也不是让男人更痛苦！

 心理透视镜：丈夫在生活中是很重要的角色，无论是在婆婆还是自己心里，如果你心疼你的丈夫，就不要和婆婆闹别扭，何苦让丈夫成为"夹板男"呢？

第十五章
CHAPTER 15

孩子心思知多少
——女人要懂的教育心理学

孩子的教育是家里的头等大事，培养孩子，不仅仅是学习知识，更要懂得培养孩子良好的学习和生活习惯。

很多家长习惯用自己的想法去揣度孩子的心理，这样我们永远也猜不到孩子在想什么。作为孩子最亲近的人，家长应该重视家庭教育的细节，只有把握好孩子的"小心思"，才能更好地引导孩子，帮助孩子。

一、解决孩子的心理健康问题刻不容缓

邻居的儿子翔头脑很聪明，学习对于他来说不成问题，他属于那种边学边玩，可照样跟得上其他同学的那类人。

小靓作为班主任，为了能在开学初给学生留下一个好印象，她在前一天晚上认真研究了教材，新学期的第一节课，她精神抖擞地走上讲台。上课时大部分同学都陶醉在了她的教学中。这时，她发现小翔目光似乎有些游离，注意力显然不在课堂上。

为了引起小翔的注意，小靓请他站起来回答问题，他理所当然地回答不出来。随后，小靓让其他同学自由读一读课文，踱到他身边，想跟他谈一谈刚才为什么不认真听讲。谁知，小靓话还没有出口，小翔挥手一拳向她捅来，小靓教学这几年来，第一次遇到如此偏激的学生。她当时第一反应：这孩子心理有问题。

小翔在课堂上公然攻击小靓之后，又相继与英语老师、科学老师发生冲突，同样发生肢体上的摩擦。与同学的相处也是一塌糊涂，与同学之间发生点小矛盾，解决的方式就是打架。犯错误时，老师不能批评，完全不把老师放在眼里。

如今的孩子，大多是独生子女，"衣来伸手，饭来张口"，长期养尊处优的生活养成了他们骄横跋扈的性格。他们大多不能忍受挫折，稍有失败便无从面对；发生错误时，也不能正确面对，甚至受不了老师的批评……

生活中，父母往往对自己孩子的发热、咳嗽、打喷嚏过于关注，而单纯关注孩子身体状况是不够的，一个真正健康的孩子，不但要身体健康，更要心理健康。

家庭教育要重视培养孩子美好的心灵。作为母亲更要知晓，孩子的心灵更加需要关心，关心孩子的心理健康是每一个家长应尽的义务。

对于孩子遇到的一些心理上的问题，聪明的女人该通过哪些手段进行疏导和化解呢?

聪明女人们必懂的1000个心理学常识（图解案例版）

1. 要倾听孩子说话

家庭应该是孩子说心里话的地方，家长应把说话的机会留给孩子，特别是内向的孩子，家长更要给予重视，鼓励孩子多说话。

家长不能因工作忙忽略与孩子的思想交流。特别是父亲要跟孩子进行有益的思想交流。

2. 安抚受屈的孩子

孩子受到委屈时，父母应该设身处地地理解孩子当时的心情。当孩子向你表达某种感受时，你可用孩子的原话表示你对他的理解，这种方法在心理学上称作反射情感。

3. 宽容与约束同样重要

家长应平等地对待孩子，在宽容孩子的同时要给孩子必要的约束。过分宽容则陷于溺爱，过分严格则陷于寡爱。

4. 允许孩子自然流露各种情绪

孩子的喜怒哀乐等情绪体验是毫无掩饰的，他们敢爱、敢恨、敢说、敢笑，他们自然流露这些情绪并不是什么可耻的事，只要不扰乱别人的正常学习和生活，不伤及别人，就没有什么对和错之分，并且我们要鼓励孩子这样做。

发脾气、反抗行为、哭泣、大声喊叫比默默承受更有利于孩子的身心健康发展，当然，这里所提倡的情绪宣泄，必须区别于以哭闹为手段去达到某种不合理的需要。

心理透视镜： 作为家长，要积极营造民主和谐的家庭氛围，最大限度地减少溺爱和专制，用科学的方法引导子女的学习和发展。

二、棍棒底下出"逆"子：体罚让天才夭折

在儿科门诊部，看见一伙人一路跑着抬来了一位少年垂危病人，只见他头歪向一边，脸色苍白，呈昏死状。经医生检查，孩子已经瞳孔放大，四肢冰冷，心跳呼吸停止。

"尽最大力量抢救！"医护人员不忍看到这朵已经十分柔弱的鲜花在他们面前凋谢，一切能够用上的抢救措施都用上了。孩子的心脏在强刺激的作用下，出现过短暂的微弱跳动，但终因脑部缺氧时间过长，这个名叫陈军的孩子还是于次日凌晨死亡。

前天中午放学时，陈军的父亲到儿子就读的小学接他回家吃饭。等所有的孩子都走光了，仍不见陈军的影子。一打听，才知陈军早上根本没有去学校。

他怒气冲冲地刚回到家，儿子也丧魂落魄地跟着进了家门。

"你到哪里游荡去了？敢不上学！"

"到……到 17 中……"陈军怯怯地回答。

他怒喝："到 17 中去干什么？"

"……"陈军语塞。

"你的书包呢？"他见陈军是两手空空地回到家的。

"被扣在 17 中了。"

他大怒，命令陈军跪在地上，又用尼龙绳将儿子拦腰三道，五花大绑，悬空吊在暗楼横梁上，然后将门反锁，骑车到 17 中去找陈军的书包。半小时后，他提着儿子的书包回来了，门一打开，只见 11 岁的陈军脑袋歪在一边，瞳孔放大……

中国有句俗语：棍棒底下出孝子！曾经经历过父母打骂的家长，沿袭了上一辈的教育方式，也会采用打骂的方式教育孩子。有些家长也认为，打骂孩子是为了纠正孩子的不良行为，但是，教育孩子要讲求方式、方法。打骂教育不可取！

在打骂中长大的孩子缺少自信，有抵触情绪，对他以后的发展更是没有好处。要想让孩子在人生的路上少走弯路，家长就不要只图省事，打骂一顿了事。被打骂的孩子虽然当时屈服了，可是心里是不服的，这样会为以后的

教育埋下隐患。家长应该把眼光放远，给孩子营造一个和谐民主的环境，与孩子做朋友，默默地去关心去支持孩子，用无私的爱使孩子健康快乐地成长！

父母打骂孩子，实际上是向孩子表示：当别人的需要与你的需要发生冲突时，武力（或权力）是有效的解决办法。这样孩子长大后，他很可能会以武力解决人际冲突，结果是受挫或破坏良好的人际关系。

另外，这种管教并不能增加孩子的自律。当有人管着的时候，这种孩子常常不敢表达自己，但没有人管的时候又什么都敢做。这种教育方式很可能培养出一个两面人。

随着孩子年龄的增长，虽然身体看不到他们挨父母打的伤痕。但在他们的内心仍然保留着幼年时挨打的痕迹，其后果是对自己没有信心，莫名的内疚，这种内疚会有不同的表现：性格有攻击性，跟人相处困难，或工作不负责任。幼年的压抑不自信，对成年后的发展有直接的影响。因为打骂已经严重伤害了孩子的身心，限制了孩子个性的发展，阻碍了孩子特长的发挥。

教育家苏霍姆林斯基说："爱抚，是教育的实质和精华。"教人首先要教心，在人类精神财富的合声中最细腻、最柔和的旋律实属于心声。

在很多家庭里，打骂完之后孩子仍然会犯相同的错误。为什么呢？因为孩子就是孩子，打只能使孩子暂受皮肉之苦，而不能让孩子从根本上明白任何事理。所以，作为父母，应该完全避免打骂教育在自己家里出现。

心理透视镜：当家长对生活或工作的期望无法满足时，就希望孩子可以完全按照他的指示来行事，一旦孩子的表现不能令家长满意，那么多半家长会上前打骂。

三、不让玩就打人：正确疏导孩子的焦虑

寒假放了近两周，侄子总是在家玩手机、iPad，前天，他的妈妈为了让孩子断电玩瘾，将手机上的游戏全部删除，没想到，倔强的小家伙足足闹腾了一天，被爸爸呵斥后，孩子抢起玩具枪就打，爸爸的左脸被打肿了。看着跟发神经病一样的儿子，夫妻俩都傻了。

孩子爱"打人"，家长不能马上把他们列入"坏孩子"或"小暴力"的范围，更不能用以暴制暴的方法"制服"孩子。

攻击是一种稳定的心理特性。孩子的这种行为叫作攻击性行为，人生来就具有一种内在的攻击倾向，比如，在很小的婴儿身上也会出现愤怒，婴儿由于自己的要求得不到满足而大发脾气。随着年龄慢慢地长大，这种情绪激动的、任性的、不受支配的表现逐渐减少，而报复性的攻击逐渐常见，表现为摔东西、抢夺、抓掐、咬人、攻击、骂人、顶嘴和固执己见。

通常情况下，随着年龄的增长，某些行为如哀嚎、哭泣和发脾气由于不再受到父母认可，这些行为便会自动减少了。如果加以正确引导，这种攻击倾向可以转化为成长过程中的力量，转化为忍耐、坚毅等积极的品质。

无论孩子是出于什么原因而出现的"打人"行为，都不能置之不理，因为孩子需要慢慢懂得所有的行为都是有界限的。

1. 给孩子机会安静下来

如果在愤怒最激烈的时候进行责骂可能酿成失败→怨恨→攻击→反击的循环。当孩子激烈地发脾气时，同他说理是无用的。正确的做法是转过身不理会这些持续的发脾气，或者走开不听。当孩子冷静下来时，再告诉他为什么这种行为不可接受。

2. 严格而尽可能温和地约束孩子

家长不能总是对孩子的攻击置之不理，最好伸出手臂紧紧地抱住他，这样他就发作不了了。

3. 减少与攻击模式接触

如果孩子与一个"小霸王"在一起，应尽快叫孩子脱离这种关系。另外，自己也要避免表现出攻击行为，千万不要体罚孩子。研究证明，孩子不但模仿令人满意的行为，而且模仿不恰当的行为，体罚只会让孩子学会以暴制暴。

4. 让孩子看到好的榜样

家长可让孩子接触行为温和的孩子，并给表现好的孩子奖励。当他看见因这种行为而获得奖励的时候，就会产生效果。要教会孩子新的行为方式，给他机会观察别人如何实施要求做到的行为。

5. 帮助孩子变得自信

有时候，孩子会采取攻击行为以应对各种挫折和羞辱。家长如果能帮助孩子变得更舒适和自信，他就会更少攻击性。

6. 对孩子的攻击行为叫停

当孩子对别人发生攻击行为时，应把他从攻击的环境中隔离开来，不让他继续吵闹，如把他送到自己的房间去。

7. 父母也要安静下来

在孩子大发脾气时，父母应该让自己冷静下来，不要对孩子大吼，可带着一本杂志到洗手间去，等一切平静下来再出来，这样有助于你恰当地对待孩子的行为。

心理透视镜：攻击也许是孩子吸引你注意的一种手段。通常情况下爱打人的孩子会通过攻击别人来引起父母、老师的注意。

四、孩子的嫉妒心理不容忽视

同事有一个6岁的女儿玲玲是一个非常可爱的孩子。一个周末，另一同事带着自己两岁的儿子到玲玲家玩，妈妈很热情地接待了他们，并开心地逗同事的儿子玩耍。刚开始，玲玲也挤过去亲了亲小弟弟，但没过多久，她就有些不高兴了，因为妈妈抱着小弟弟，一点也没有放下的意思，还又亲又笑的，她觉得受到了冷落。

于是，玲玲开始大声唱歌，可没有人注意她，玲玲又跳起了自己最擅长的舞蹈，可是还是没有人理她，终于，玲玲忍不住了，她忽然间摔坏了自己的杯子，然后坐在地板上放声大哭，把同事和妈妈弄得非常尴尬。

孩子爱嫉妒别人，闹情绪，往往会让家长担心，那么应该如何来教育嫉妒心强的孩子呢？

嫉妒心理在孩子中是普遍存在的，由于现在的孩子都是独生子女，他们容易形成以自我为中心的心理，认为所有的人都应该向着自己，好东西都应该是自己的。

孩子最初的嫉妒总是与自己身边亲近的人有关，当父母疼爱别的孩子时，往往会表现出不满、哭闹、反叛等，有的甚至会表现出一些倒退行为，故意做出比自己实际年龄幼稚的行为，以期引起大人们的注意。

孩子还会对获得表扬的其他儿童怀有敌对情绪。当别的孩子受到了自己父母、老师表扬时，往往表现得不高兴、不服气，认为自己不比受表扬的孩子差，有的还会当面揭发受表扬孩子的缺点或不足之处，尽管有些事与其他孩子的受表扬无任何关联，如"他的爸爸是个开三轮车的"等。

嫉妒是一种破坏性因素，它对孩子各方面的健康成长都会产生消极的影响。如果儿童长期处于嫉妒这种消极不良的心理体验之中，情绪上便会产生压抑感，孩子出现了嫉妒心理后，父母应该怎么做呢？

1. 了解孩子嫉妒的起因

孩子往往会对他人拥有而自己不具备或无法拥有的东西产生一种由羡慕转化为嫉妒的心理，这其实是很正常的情况。父母平时应多和孩子接触，及时掌握孩子嫉妒的直接起因，这是化解孩子嫉妒心理的前提。

2. 倾听孩子的心理感受，做情绪疏导

孩子的嫉妒是直观的、真实的，甚至是自然的，它只是孩子对自己愿望不能实现而产生的一种本能心理反应。因此，父母切勿盲目对孩子的嫉妒行为进行批评，要耐心倾听孩子的苦恼，理解他们无法实现自己的愿望所产生的痛苦情绪，以便使孩子因嫉妒产生的不良情感能够得到宣泄。

3. 帮助孩子正确分析与他人产生差距的原因

儿童的思维方式主要以具体形象思维为主，他们往往会将自己的嫉妒简单地归责于自己或所嫉妒的对象，而不去考虑其他因素。因此，父母应帮助孩子全面分析造成自己孩子和所嫉妒对象之间的差距产生的原因，缩短这些差距，以便使孩子能正确地与他人进行比较，以积极的方式缩短实际存在的差距，最终化解内心的不平衡。

4. 培养孩子养成豁达乐观的性格

作为父母，平时应教育孩子理解人与人之间客观存在的差异性，让孩子懂得各人都有各人的优势和长处，各人有各人的劣势和短处。

引导孩子充分发挥自己的长处，扬长避短，在生活和学习中学会正视别人的优势和长处，欣赏别人的优势和长处，从而能够学习、借鉴别人的优势和长处，以弥补自己的不足，用自己的成功来取得别人对自己的喝彩。

嫉妒是孩子成长过程中一个不容回避的问题，它并不可怕，关键在于如何战胜它。

心理透视镜：对于孩子来说，家长的爱、赞扬和理解是克服嫉妒的佳方良药。父母对孩子由衷的肯定和赞美无疑大大增加他的自信和自尊。

五、警惕孩子的占有欲

昨天下班后去接儿子然然，他蹲在沙堆里玩得不亦乐乎，手里是一个陌生的工程车。旁边的老师告诉我，这是另一位小朋友的，他通过又哭又闹又耍赖的方式成功地占有了一个下午。

我俯下身子，耐心地跟他讲道理："宝宝，我们把汽车还给哥哥好不好？"

"不好！"

"可是，这个汽车不是我们的，是哥哥的。哥哥要带回家给他洗澡搂它睡觉的，你拿走了怎么行呢？我们把它还给哥哥，如果你实在喜欢这样的汽车，妈妈现在带你去买一辆好吗？"

"不好！"

"那要不然这样，我们先把汽车还给哥哥，然后回家吃饭。等明天天亮了，带着我们自己的汽车再来，如果哥哥同意的话，你们交换，互相玩，好不好？"

"不好！"

……

孩子到了三岁左右，就会产生明显的"以我为中心"意识，表现往往是从"我"出发，而不知道还有"你"、有"他"、有别人，因而导致了独占行为发生。这与"自私自利"有着本质的区别。因此，当父母遇到孩子独占、抢夺别人的东西时，不要大惊小怪，更不应责骂孩子自私自利，而应给予说服教育和指导。

1. 不要压制而要引导

压制会使孩子产生常说的"逆反心理"，更想得到它。因此，在孩子要抢占别人的东西时，可以温和地提醒他，使他回忆起曾经吃过或玩过这种东西，有助于解除孩子的强烈要求。

2. 鼓励分享

日常生活中，父母可让孩子多和同伴交往，教育孩子吃东西要分给别人吃，玩东西要和别人一起玩。

3. 转移注意力

有时孩子抢占别人的东西，是因为这种东西自己家确实没有，如果经济条件允许，就答应（并做到）给他买一个。如果条件不允许，应尽可能把孩子的注意力引向别处。

4. 试用交换法

交换玩具或食物可以满足孩子的好奇心，还可以防止孩子独霸和占有欲的产生。例如，孩子要玩别人的玩具，就让孩子自己拿着玩具用商量的口吻及友好的态度和小朋友交换着玩，这样使双方都受益。

5. 淡薄自我中心意识

孩子的"占有欲"是孩子成长过程中出现的一种正常心理现象，随着孩

第十五章　孩子心思知多少——女人要懂的教育心理学

子年龄的增长，通过教育，这种"以我为中心"的意识会逐渐淡薄，"占有欲"会逐渐减少或消失。

心理透视镜：占有欲，实际上是孩子成长阶段一种正常心理，作为父母，可以给孩子一些必要的指导，让孩子早日建立所有权的观念。

六、"这件衣服不漂亮！"：孩子也有独特的审美观

昨天给女儿买了一件新衣服，我觉得很好看，老公和婆婆也觉得很可爱。今天拿出来让女儿看看，忍不住问女儿："这件衣服好不好看？"

女儿回答："不好看。"然后在我的反问之下又说好看，我想她是故意逗着玩儿的，就没有放在心上。

晚上给女儿洗澡的时候，就跟她说："今天晚上我们洗得香香的，明天穿新衣服好不好？"女儿却说："妈妈，你把那件衣服扔掉吧。"我惊讶，问为什么，她回答："那件衣服不好看。"

不要因为孩子小就否认了他的审美观，小孩子的审美观还是值得尊重的。

其实孩子从几个月的时候就对颜色有感应，他们也有属于自己的独特审美。也许他们不懂什么是时尚，但要尊重孩子的审美情趣。

孩子的审美天性是要不断发展完善的，聪明的父母会对孩子加以引导。在尊重孩子的天性基础之上积极引导宝宝拓宽审美视角，逐渐让孩子成为审美高手。

1. 买衣服的时候投其所好

如果妈妈以为自己喜欢的就是孩子喜欢的，自己认为实用的就是对孩子实用的，那你就得做好心理准备了：孩子有时候会让你失望，甚至会无言地抵抗。

2. 引导孩子享用卫生与整洁的服装

孩子是天生的浪漫主义者，他们喜欢选择"爱我所爱"而不是"为我所

用"。如果妈妈懂得用孩子的审美偏爱来引导，或许孩子就不会那么焦虑和极端了。

3. 不要只接受时尚消费文化中的"金品质"

家庭生活与时尚潮流紧密相连，爱子心切的妈妈对时尚和品牌童装自然也比较青睐，但是孩子作为受教育者，他们不宜对名贵、名牌和高档消费有太强的印象和记忆，这只会让他滋长不适宜的攀比心理。

从审美的角度来说，家长最好多引导孩子关注和欣赏童装多方面的特点，比如装饰物、款式、色泽、面料和功用特征等。

心理透视镜：孩子也有自己的审美观，家长不要急着否认孩子的审美价值，要尊重孩子的审美情趣，导入孩子一些正确的审美观念。

七、放手：给孩子独立成长的机会

最近发现 4 岁的女儿好像变了一个人似的：早晨时间这么紧张，可她偏要自己穿衣、穿鞋，说什么也不肯让我帮忙；下班到幼儿园接女儿，辛苦了一天还要急着回家做饭，可她却专注地将自己刚刚玩过的积木整齐地码放在盒子里，即便老师在一旁做工作，说："翘翘，快跟妈妈回家了，一会儿老师来收。"可执着的女儿还是不肯"停工"……

很多家长不放心孩子，这是人之常情，但每个孩子都有自己独立生活的时候，父母应给孩子独立成长的机会。其实孩子在两三岁的时候就已经产生要求自己做事情的意识。

父母是孩子的老师，应该以成人的智慧来引导孩子、帮助孩子，不能过分干涉孩子的生活，要让孩子独立自主地走到正确的生活和学习轨道上。父母用陪伴支持孩子成长的方式是爱孩子的表现，这样才有利于孩子的健康成长，才能为孩子未来的发展增加动力。

但是大多数的父母在不知不觉中剥夺了孩子独立成长的机会，更糟糕的是，这种"包办代替"还有可能使孩子产生自己无能、愚蠢的观念，导致孩子自信心不足，这对孩子来说更是一种无形的伤害。

那么，家长如何培养孩子的独立性呢？

1. 不过分保护

对孩子过分保护，往往会妨碍孩子身心的正常发展，使他们变得胆怯、依赖心重、神经质，不敢做任何尝试，而且不易与人接近，所以凡是孩子力所能及的事情，都应放手让他自己去做。

2. 让孩子处理自己的事情

家里最好让孩子拥有自己的桌子、小柜子等，让他们从小养成自己处理自己用品的习惯。告诉孩子蜡笔、尺子等学习用品应放在自己的抽屉里，玩具放在玩具箱内，图书放在小书柜里，弄乱了自己整理好。孩子在处理这些事情时不知不觉就会养成独立的个性。

3. 有耐心

有些父母因孩子的动作慢，索性代劳，当孩子想表达自己的意见时，父母却抢着说。这种不耐心倾听的结果，会干扰孩子创造性的思考过程，使孩子变得沉默、依赖。要知道，孩子的独立性不仅依赖于身心发展的成熟，也需要后天的学习。作为父母一定得有耐心，千万不可操之过急，剥夺了孩子学习的机会。

4. 鼓励孩子做一些力所能及的事

当孩子有了第一次 "我自己做⋯⋯""我会⋯⋯"的表示时，切不可小视孩子，更不可拒绝孩子。因为，这种表示正是孩子独立意识和自信态度的萌芽，千万不可以"扼杀"。

当孩子完成了你交给的任务后，要给予适时的鼓励。父母的及时肯定，给孩子的信号是：爸爸妈妈喜欢我这样。长此下去，孩子的独立意识和自信态度就会得到保持，而且即使在做事时真的遇到了困难，孩子也不会退缩。

心理透视镜：未来是属于孩子的，未来的生活要靠他们自己去创造。这一切都不是父母能替代得了的，孩子需要独立成长的机会。

八、不能受半点委屈：孩子的耐挫力要提高

同事的儿子是家里的独苗，爷爷疼奶奶爱，没少惯着他。也正因如此，他越来越霸道，只要他想要什么，别人就得马上给他，否则就会闹得鸡犬不宁。

另外，他还受不得半点委屈，只要别人说了他一句或跟他开个玩笑，他就会非常不开心，朝家里人乱发脾气。

有一次，他班里的花开了，大家都抢着看，他也凑了上去，没想到站在最前面的同学跟他说："这花又不是你买的，你看什么看啊？"这原本是一个玩笑，但他就受不了了，直接跑回了家，一个人躲在房间里哭，并叫嚷着再也不去上学了。

无论那位同学再怎么道歉、再怎么劝说，他就是不去上学。也正因为这件事，让他的妈妈意识到：他的心里太脆弱了。

很多父母认为，孩子尚小，心里承受能力差，经不起挫折，应该对孩子保护有加，从不让孩子受"苦"，因此孩子变得弱不禁风、胆小怕事，甚至引起一系列的心理问题。其实，一个人受点挫折，尤其是早期受一些挫折，也是很有好处的。

从小到大，我们每个人不可避免地都会碰到数不清的挫折，比如，学走

路时摔跤、和小伙伴发生冲突、考试考得不好……家长应正确看待挫折的教育价值，把它看成是磨炼意志、提高适应力的好方法。

家长应该让孩子明白，生活有顺有逆，有苦有乐，让孩子坦然面对挫折，逐渐培养孩子面对挫折的承受力、意志力，使孩子逐步形成正确看待挫折的态度，学会战胜挫折的本领。

作为家长，应如何培养孩子的耐挫能力呢？

1. 教会孩子正确对待失败

孩子对周围的人和事物易受情绪等因素的影响，在碰到困难和失败时，他们往往会产生消极情绪，很多情况下，给孩子带来更多打击的往往不是失败本身，而是他对失败的理解。

家长要有意识地将孩子的失败作为教育的契机，引导孩子重新鼓起勇气大胆地再次尝试，同时，教育孩子敢于面对困难和挫折，提高克服困难和抗挫折的能力。

2. 给孩子树立榜样，培养孩子克服困难的信心

榜样对儿童行为的形成和改变有着显著的影响。给孩子树立不畏困难、战胜挫折的榜样，有助于增强孩子勇敢面对挫折的信心。当孩子遇到挫折时，要采取正面教育的方法，为他树立正确的榜样，利用榜样的力量，增强孩子的抗挫折能力。

3. 给孩子锻炼的机会，培养孩子承受挫折的勇气

在孩子成长过程中，家长要给孩子锻炼的机会，培养他承受挫折的勇气和能力。家长要提高认识，改变原来的教养态度，让孩子走出大人的"保护圈"，放开手脚，切不可把孩子成长过程中的困难都解决掉，把他们前进的障碍清除得干干净净。

4. 多肯定、鼓励孩子

当孩子遇到挫折时，父母应当及时地关心和鼓励孩子，给孩子安慰、鼓励和必要的帮助，使孩子不会感到孤独无助。

心理透视镜：父母不仅是孩子生命中的守护神，更是孩子灵魂的塑造者，作为父母，我们要给孩子体验挫折、失败的机会，并鼓励他们勇敢地站起来。

读 者 意 见 反 馈 表

亲爱的读者：

感谢您对中国铁道出版社的支持，您的建议是我们不断改进工作的信息来源，您的需求是我们不断开拓创新的基础。为了更好地服务读者，出版更多的精品图书，希望您能在百忙之中抽出时间填写这份意见反馈表发给我们。随书纸制表格请在填好后剪下寄到：北京市西城区右安门西街8号中国铁道出版社大众图书出版中心 武文斌 收（邮编：100054）。此外，读者也可以直接通过电子邮件把意见反馈给我们，E-mail地址是：wuwendymail@163.com。我们将选出意见中肯的热心读者，赠送本社的其他图书作为奖励。同时，我们将充分考虑您的意见和建议，并尽可能地给您满意的答复。谢谢！

- -

所购书名：_____

个人资料：

姓名：_____ 性别：_____ 年龄：_____ 文化程度：_____

职业：_____ 电话：_____ E-mail：_____

通信地址：_____ 邮编：_____

- -

您是如何得知本书的：

□书店宣传 □网络宣传 □展会促销 □出版社图书目录 □老师指定 □杂志、报纸等的介绍 □别人推荐
□其他（请指明）_____

您从何处得到本书的：

□书店 □邮购 □商场、超市等卖场 □图书销售的网站 □培训学校 □其他

影响您购买本书的因素（可多选）：

□内容实用 □价格合理 □装帧设计精美 □带多媒体教学光盘 □优惠促销 □书评广告 □出版社知名度
□作者名气 □工作、生活和学习的需要 □其他

您对本书封面设计的满意程度：

□很满意 □比较满意 □一般 □不满意 □改进建议

您对本书的总体满意程度：

从文字的角度 □很满意 □比较满意 □一般 □不满意
从技术的角度 □很满意 □比较满意 □一般 □不满意

您希望书中图的比例是多少：

□少量的图片辅以大量的文字 □图文比例相当 □大量的图片辅以少量的文字

您希望本书的定价是多少：

本书最令您满意的是：

1.

2.

您在使用本书时遇到哪些困难：

1.

2.

您希望本书在哪些方面进行改进：

1.

2.

您需要购买哪些方面的图书？对我社现有图书有什么好的建议？

您更喜欢阅读哪些类型和层次的计算机书籍（可多选）？

□入门类 □精通类 □综合类 □问答类 □图解类 □查询手册类 □实例教程类

您在学习计算机的过程中有什么困难？

您的其他要求：